知识进化图解系列

太喜欢减压生活了

[日]幸树悠 编
马文甜 译

天津出版传媒集团
天津科学技术出版社

著作权合同登记号：图字02-2022-174号

图书在版编目（CIP）数据

知识进化图解系列. 太喜欢减压生活了 / (日) 幸树悠编 ; 马文甜译. -- 天津 : 天津科学技术出版社, 2022.9

ISBN 978-7-5742-0371-6

Ⅰ. ①知… Ⅱ. ①幸… ②马… Ⅲ. ①自然科学—青少年读物②心理压力—心理调节—青少年读物 Ⅳ. ①N49②B842.6-49

中国版本图书馆CIP数据核字（2022）第130488号

知识进化图解系列. 太喜欢减压生活了

ZHISHI JINHUA TUJIE XILIE. TAI XIHUAN JIANYA SHENGHUO LE

责任编辑：孟祥刚

责任印制：兰　毅

出　　版：天津出版传媒集团 / 天津科学技术出版社

地　　址：天津市西康路35号

邮　　编：300051

电　　话：（022）23332490

网　　址：www.tjkjcbs.com.cn

发　　行：新华书店经销

印　　刷：三河市金元印装有限公司

开本 880 × 1230　1/32　印张 4　字数 91 000

2022年9月第1版第1次印刷

定价：39.80元

前言

翻开本书的读者，一直以来，你都承受着一些压力吧？是不是总觉得身心都很累呢？

职场、学校、家庭，生活中处处藏着给我们带来压力的各种因素。现如今，又出现了前所未有的新冠肺炎疫情，全世界的人都因此感到身心俱疲。事实上，觉得自己心理状态不佳，来我的诊所看病的患者也比之前多了。

我们对“压力”这个词并不陌生，很多人在平时都有意无意地使用着。但是我想，能说清楚到底什么是压力的人，应该不是很多吧？

本书会通过文字和图示，深入浅出地讲解什么是压力、压力的特性、压力对身心的影响，还会介绍日常生活中避免累积压力、减轻压力的小技巧，进而教大家一些调节控制情绪的方法。如果这本书能帮助你加深对“压力”的理解，我将备感欣喜。

我在本书中最想表达的一点是：压力真的是不好的吗？

我们都想要排解压力、避免压力，应该很少有人想要拥抱压力、积攒压力吧？虽然“压力对身体健康有害”这一观念深入人心，但我想读完第一章“如何区分好压力和坏压力”后的你，对压力的看法会产生 180 度的转变。

我们几乎不可能生活在无压力的环境中。因此，当我们感到压力巨大时，不要消极应对，而应该把它转化成积极的能量，我们的人生也可能因此变得不同！

希望本书能给你带来一些与压力和谐共处的启发。

精神科医生

幸树悠

目录

第 1 章　如何区分好压力和坏压力？

第 2 章　身体不明原因抱恙，是压力惹的祸？

第 3 章　消除人际关系带来的压力

第 4 章　男性与女性感受压力的方式不同

第 5 章 战胜压力的生活习惯

第 6 章　及时排解压力的生存之道

第 1 章

如何区分
好压力和坏压力?

什么是压力？

身心因日常生活中的刺激而产生的变化

平时，我们总会在无意中使用“压力”这个词，那么压力到底是什么呢？压力（stress）一词，本来是工学术语，表示“使物体受压变形的力”。后来，这个词被用到人的身上，**人们将日常生活中发生的给人带来刺激，相当于上文所说的使物体变形的力的事情称为“应激源”，将身心对应激源产生的反应，即“变形”称为“应激反应”，将这一系列的机制称为“压力（stress）”。**

应激源主要有三大类。第一类是“生活环境应激源”，即日常生活中发生的给我们带来刺激的事情，比如与重要的人分别，失业，遭遇人际关系问题、职场环境的变化等。第二类是“创伤性应激源”，即具有极大冲击性的经历，比如大型灾害或具有严重后果的事故、事件，自身生命受到威胁或亲人去世等。第三类是“心理性应激源”，它指的是在面对困难时产生的烦恼，担心“可能会发生不好的事”等消极推测。

当遇到这些应激源时，我们首先会判断自己能否处理这件事（认知性评价）。接着，当我们感到这件事超出了自己的能力时，身心就会“变形”，即出现应激反应。应激反应可能表现为担心、紧张、情绪低落、心悸、头痛、腹痛、发怒、厌食等。

应激反应的生成机制

应激源

应激源是指日常生活中发生的会给个体带来刺激、压力的事物。

例

生活环境应激源

在生活环境中受到的刺激。比如：与重要的人分别；丢失珍贵的物品；与家人、同事、朋友的关系出现问题；环境变化；等等。

创伤性应激源

自然灾害、战争、恐怖活动等导致社会动荡不安的事件；对生命造成强烈冲击或威胁的事件；等等。

心理性应激源

虽然现实中还未发生，但在心里产生的“有可能会……”“如果……怎么办”等负面推测。

认知评价/应对能力

认知评价是指我们对应激源会带来多大程度的威胁的判断。如果感到这是“超出自己应对能力的威胁”时，就会出现应激反应的症状或行为。

认知改变后，应激反应也会改变！

应激反应

长时间受到应激源的刺激，或受到强烈的应激源的刺激时产生的反应，在心理、生理、行为方面都有所表现。

例

心理性反应

不安、烦躁、恐惧、紧张、愤怒、孤独感、无力感等。无法集中注意力、思考能力下降、短期记忆丧失、判断力和决策力下降等。

行为性反应

发怒、吵架等攻击性行为，哭泣、闭门不出、厌食或暴饮暴食、抽搐、逃离现场等逃避行为。

生理性反应

心悸、不明原因的发热、头痛、腹痛、疲劳、食欲衰退、呕吐、腹泻、睡眠障碍等遍及全身的症状。

参考：日本文部科学省网站“CLARINET へようこそ”主页

应激能力强与弱的人的差别

遗传、性格、环境决定应激耐受性

应激反应是机体为了保护自己免受应激源的伤害而自然产生的生理反应。但是，**当大家面对同一个应激源时，并不意味着大家的应激反应是一样的**，比如遭遇大型灾害时。应激反应的表现形式因人而异。有的人反应很激烈，有的人则相对温和一些。越是反应激烈的人，应激能力越弱；越是反应平和的人，应激能力越强。

那么，为什么有的人应激能力强，有的人就比较弱呢？首先，前面提到过，人们对应激源的认知评价不一样。对此可以这样理解：**把遇到的事情当作威胁的人，应激能力偏弱；而将其视为成长机会的人，应激能力就比较强。**

此外，还有遗传、性格、环境的影响。家族有抑郁病史的人，应激能力可能天生就相对弱一些。性格认真、完美主义、凡事爱一个人扛的人，应激能力也会弱一些。有的人生活中缺少可以倾诉的对象，会因为得不到他人的意见和反馈，而难以客观地看待问题，容易钻牛角尖。

除此之外，被强迫做某些工作的人与可以自由掌握工作的人，二者所感受到的压力也截然不同。

应激能力强/弱的人

应激能力强的人

特征

- 把发生在自己身上的事看成是机会
- 不过分追求完美
- 可以表达自己的主张
- 认为“工作是由自己掌握的”

应激能力弱的人

特征

- 把发生在自己身上的事看成是威胁
- 非常认真、完美主义
- 自尊心强
- 不善于表达自己的主张
- 感到“工作是被迫的”

压力有害，这难道是个误解？

压力未必会引发疾病

乍一看，压力好像对我们是有害的。确实，虽然程度因人而异，但压力可能会引发身心的失调或异常。因此人们认为压力是“有害的”“应该消除的”，也无可厚非。但你知道吗？**如果认为压力对人的身心有百害而无一利，那就大错特错了。**从某种程度上来看，压力对人可以说是有益的。

那么，为什么压力会被扣上“坏东西”的帽子呢？这不得不提到病理学家汉斯・谢耶（Hans Selye）。谢耶曾做过一个实验，将小白鼠分别放到酷热、严寒、嘈杂的恶劣环境中，让它们超负荷运动，结果备受煎熬的小白鼠最终病死了。谢耶将这个实验结果直接套用到了人的身上——虽然人和小白鼠的体形差异巨大，应激源对二者造成的刺激的强弱理应有所不同。谢耶发表研究结果称，“处于压力中的人可能会同小白鼠一样生病”。继谢耶之后，科学家们又开展了很多研究，越来越清楚了压力与人的关系。后来的一些研究成果让谢耶修正了自己的观点，他表示**“压力对人类而言未必就是有害的”**。但即便如此，最初的误解并没有得到消除，“压力是有害的”这一观点至今仍在人们观念中根深蒂固。

让人们误以为“压力有害”的小白鼠实验

病理学家汉斯·谢耶将小白鼠放到恶劣的环境中进行实验。

但是，最终他修正了自己的观点。

看待压力的方式会影响死亡风险

认为压力有害的人，健康风险比较大

1998 年，美国发表调查报告，佐证了“压力未必有害”这一结论。斯坦福大学在调查研究了人们看待压力的方式与死亡风险之间的关系后发现，认为自己“压力很大”的人的死亡风险要比其他人高 43%。有趣的是，调查还发现，**认为自己“压力很大”，同时认为“压力对身体健康未必有害”的人死亡风险却较低**。心理学家阿利娅·克拉姆（Alia Crum）的调查也表明，认为“压力有益”的人，对人生的满足感更强。此外，2014 年哈佛大学公共卫生学院的研究表明，公司的首席执行官、副总经理等“社会成功人士”中，有 51% 的人认为“压力是有益的”。

这些研究结果表明，我们对压力的看法不同，压力带给我们的影响也就不同。消极看待压力的人，更容易受到压力的不良影响，患病或死亡的风险也随之提高。而积极看待压力的人，不容易受到压力的负面影响，身体和精神上也比较强大。所以，你明白了吧？**有害的并不是压力本身。“压力有害论”才是我们身心健康的大敌！**

测一测你是如何看待压力的

1 压力，对健康……
- A 有害
- B 有益

2 如果有压力，工作和学习会……
- A 效率下降
- B 效率上升

3 如果有压力，对成长……
- A 有害
- B 反而有益

4 对压力……
- A 应尽量回避
- B 应向积极方向转化它

你的答案中 A 越多，越说明你认为压力是有害的；B 越多，越表明你认为压力是有益的。

看待压力的方式不同，死亡风险也会随之变化

有强烈压力的人

死亡风险高
43%

但是

长寿

认为压力对身体并没有害处的人

虽然压力很大，但认为“压力对身体并没有害处”的人的死亡风险较低！

变压力为动力的窍门

接纳自己的紧张和不安会带来好的结果

顶尖的运动员在赛场上的决胜时刻非常冷静，能够把握住机会，取得胜利。这些用结果说话的运动员，他们是如何面对压力的呢？

美国新奥尔良大学做了一项有关在跳伞过程中的心率的调查，调查对象分别是跳伞运动初学者和有经验者。调查者原本认为初学者的心率会更快，没想到调查结果显示有经验者的心跳更快，人也更紧张。准确地说，他们不仅更紧张，也更兴奋、更喜悦！还有一个实验，是哈佛商学院的教授艾莉森·布鲁克斯（Alison Wood Brooks）针对演讲者做的。她把演讲者分为两组，让其中一组暗示自己“我不紧张，我很放松”，而让另一组暗示自己“我虽然紧张但是我很期待”。实验发现，后者能比前者更自信、更有说服力地完成演讲。除了这些，罗切斯特大学也发表研究报告称，**告诉自己“不安和紧张不会导致失败，反而会让我取得成功”，考试的成绩就可能会提高！**

职业运动员之所以能在千钧一发之际顶住压力取得好成绩，就是因为他们接纳了自己的紧张，紧张可以使他们更兴奋。现在你明白了吧？不要害怕压力，去享受压力吧！

专业人士和小白临场时的区别

专业人士

心跳加快

↓

变得更兴奋、更喜悦

随着心跳加快，兴奋度和喜悦度也上升了。

小白

心跳不变

↓

兴奋度和喜悦度也不变

与专业人士相比，心率加快不明显，兴奋度和喜悦度也没有什么变化。

感到紧张的时候换一种说法吧

紧张的时候，不要否定自己的这种感觉，接受自己“现在很紧张”是很重要的一件事。

把“我很紧张”换成“我很兴奋”“我很激动”“我很期待”，心态也会变得积极起来。

警惕危害健康和生活的压力

实质性伤害没有任何益处

要把压力变为朋友，坚持“压力是有益的”这一想法很重要。但是，这并不意味着你身边出现的困难都是“好的压力”。注意,压力和“实质性伤害”完全是两回事。**我们可以接受压力，但是必须避免受到实质性伤害。**

在身体、经济、社会生活方面受到的伤害和损害都是实质性伤害。举一个例子吧。在一个压榨员工的黑心企业，员工如果持续加班，或休息日也要工作而无法得到休息，身体出了问题，就受到了身体方面的伤害；如果工资过低而无法维持最基本的生活，就受到了经济方面的损害；如果因经济问题无法支付房租或按时还清债务，就导致了社会生活方面的问题。这些实质性伤害，无论我们多么想要积极地去看待，也无法把它转化成正能量。这种情况下，我们只能规避它，尽量将损害降到最低。

相对地，**压力对心理层面产生的影响，我们是可以调节的,暗示自己“这个经历会成为我的财富”,这样一想，坏事就变成好事了。**回到上一个例子里，如果我们在黑心企业受到了实质性伤害，虽然需要尽快逃离，但在那里承受的心理压力，也可以成为我们开拓新路的原动力。

因此，我建议大家，当你感到有压力时，首先要清醒地判断一下是否存在实质性伤害。如果没有，那么我们就积极地接受，努力把它变成心灵的滋养。

伴随实质性伤害的压力不可取

压力……心理层面的影响

实质性伤害……身体、经济、社会方面的损害

压力与实质性伤害是两回事。我们应该把实质性伤害控制在最低限度。

长期感到压力时需要注意

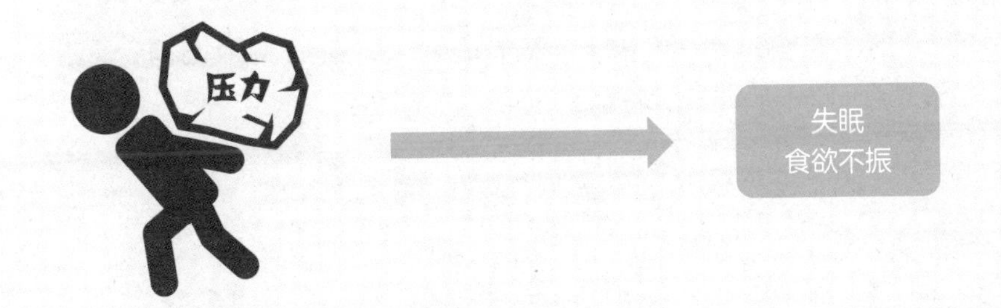

痛苦时「打鸡血」是没用的

拼命给自己“打鸡血”很可能会加深痛苦

积极看待压力很重要，但面对痛苦时，一味地给自己“打鸡血”，有时会适得其反。**这在心理学上被描述为“生理唤起会强化优势反应”**。具体来说，比如你早上明明不想去上班，却猛拍自己的脸颊让自己“加油！”，这就是生理唤起。这样一来，在“加油！”的背后，会产生更强烈的“不想去上班”的念头，甚至这个念头会占据上风。这就是强化了优势反应。这种心理倾向在周一特别明显。自杀多在周一发生，精神科的初诊患者也是周一来得比较多。之所以出现这些现象，是因为休息日之后的周一，我们通常不想去上班或上学。但越是认真的人越会给自己“打鸡血”，这样反而增加了心理压力，有时甚至会压垮自己。

如果感到很痛苦，**不要对自己说“是我干劲不足”“一切取决于我的思维方式”。越是这种时候，越希望你能想起一个关键词——“姑且先”**。“姑且先出门再说”“姑且先去公司附近”……可以大幅度降低自己的目标难度。一步一步地完成任务，让心灵放松下来，从而帮助我们找到克服困难的信心。

压力不会因给自己“打鸡血”而改变

“不想洗衣服”的想法占上风。
如果给自己“打鸡血”，会强化“麻烦”的感觉。

“想去露营”的想法占上风。
说服自己去工作的话，会强化“想去露营”的感觉。

给自己“打鸡血”，会强化原本占上风的感受！

关键词是“姑且先”

其他的例子

“真不想去上学啊……
先出门再说吧！”

“工作真麻烦……
先打开电脑再说吧！”

“真不想学习……
先翻开书本再说吧！”

试着从简单的事情做起吧！

承受压力时身体也会出现积极的反应

“挑战反应”和“体贴反应”

我们说压力有益处，并不仅仅是指感觉上的。人受到压力时表现出的某种反应，就能证明这一点。

1915 年，哈佛大学的生理学家沃尔特·坎农（Walter Bradford Cannon）发表研究称，给猫咪施加压力，猫咪会产生“搏斗”或“逃跑”的反应。从那之后，人们认为人也和猫咪一样，承受压力时会产生“搏斗或逃跑反应”。但实际上，人在承受压力时会产生与此截然不同的两种反应。

一种是“挑战反应”。美国的戴维斯（Roy Eugene Davis）博士指出，**人承受压力时，就像被压缩的弹簧，会产生想要战胜它的心情。正因为承受高压，才会产生巨大的“反弹效应”**。第二个是“体贴反应”。我们与人相爱时或妈妈哺乳时，会分泌一种叫催产素的激素。**催产素又称“幸福激素”，它会让人更想与他人产生联系。**这种激素在人感到压力的时候也会分泌，成为人与人联系的原动力。

只有人类承受压力时会产生这种积极的反应，从这个角度讲，我们应该积极地去拥抱压力。

“搏斗或逃跑反应”不适用于人类

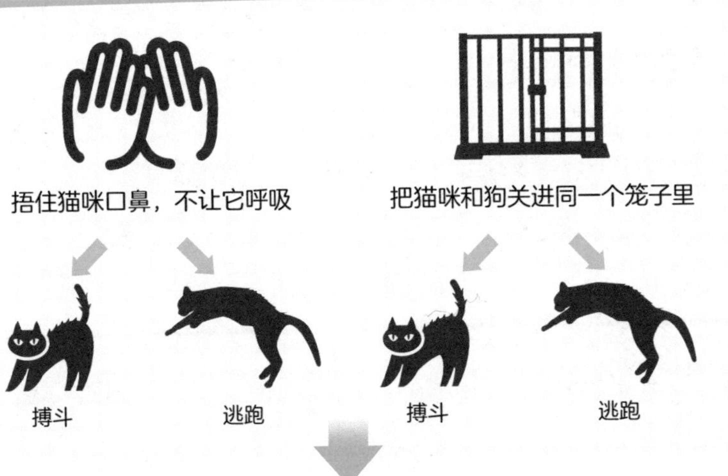

不适用于人类

人类在日常生活中感受到的压力，其强度远达不到“突然无法呼吸”“与恐惧的敌人同处一室”这种程度，所以这个实验结果并不能推广到人类。

人类的应激反应有两种

我们已经知道，人类承受压力时，会有“挑战反应”和“体贴反应”。

❶ 挑战反应

面对压力，会产生想要战胜它的心情。

❷ 体贴反应

承受压力时，人们会想要“与别人产生联系”。

小贴士

抗压能力与教养方式有关？！

抗压能力的强弱与成长环境也有很大关系。被周围人认可、认为“自己有价值”的人，即使遇到一些困难，也会相信自己，不会轻易被困难和压力动摇。而总是被要求“必须要这样”的人，很难承认自己的价值，容易因为一些小事丧失自信。

想要把自己的孩子培养成认可自己价值的人，“表扬”是很重要的。但并不是什么事情只要表扬就可以了。比如，“你真聪明”这种表扬方式就要注意，光表扬一个人的才能或天赋是不行的，这样会让孩子们觉得自己只有聪明才是有价值的，如果成绩下滑，他们会马上对自己失去信心，甚至自我否定。表扬时我们可以说“你很努力了！”，也就是表扬他的努力和行为，这样，他们会从自己做的事情中发现自我价值，即使失败了，也会想着“下次我再努力试试”，从而成为一个自信、积极、努力的人。

第 2 章

身体不明原因抱恙，是压力惹的祸？

上班路上肚子咕噜咕噜的原因

压力引起的肠易激综合征

上班路上或重要会议前，你会突然肚子疼吗？如果去医院检查没有发现大小肠有什么异常，但又长期出现这类情况的话，可能就是精神因素导致的了。

生理或心理上的压力、紧张情绪会影响肠道运动，引起肚子不适。这叫作肠易激综合征（IBS）。IBS 具体可分为三种：腹泻型——慢性腹泻或一天排便多次；便秘型——慢性便秘、排便困难；交替型——腹泻和便秘交替出现。据估计日本有 10% 的人患有肠易激综合征，其中，男性多为腹泻型，女性多为便秘型。易患人群为做事认真或性格内向的人、工作上独当一面的中青年人、20 多岁的年轻女性。

如果患有肠易激综合征，频繁出现的便意或腹部不适会令人工作或学习时难以集中注意力，严重影响生活质量。总担心自己要上厕所，这又成了新的应激源，一到令人紧张的场合，就会出现上述症状，形成恶性循环。

针对肠易激综合征，治疗的方法一般是服用一些抗紧张不安或稳定肠道功能的药物，心理治疗也是有效的方法。此外，改掉暴饮暴食和不规律的生活习惯，从而缓解躯体压力，对改善症状也是不可或缺的。

年轻女性或中青年人中多见肠易激综合征

如果没有内科疾病，但是每个月会出现 3 次以上的腹痛、腹泻或便秘，就有可能患有肠易激综合征。其原因多是压力或紧张，常见于年轻女性或中青年人。

腹泻型

- 慢性腹泻，伴有腹痛或腹部不适
- 一天内排便多次
- 男性易患

便秘型

- 慢性便秘，伴有腹痛或腹部不适
- 排便时，频繁出现腹部不适
- 女性易患

容易出现症状的情况

紧张时特别容易出现症状。腹泻型在上班前或乘坐电车时出现的情况较多。

工作中

面试中

听课中

乘车中

易患人群

认真、内向、情绪不稳定的人易患。

有抑郁倾向的人

20 多岁的年轻女性或中青年上班族

内向胆怯的人

认真的人

消除莫名不安的方法

通过想象"亲密地带"来消除自己的不安

你会莫名其妙地感到不安吗？通常人们容易对未知或自己无法掌控的事情感到不安。特别是近年出现的新型冠状病毒肺炎疫情，加剧了我们对未知事物的恐惧。"我会不会被传染？""如果感染了能治好吗？""我会不会因此丢掉工作"……我想有不少人都会因为担心这些没影的事，而总是情绪低落。

我想告诉你一个能缓解这种担忧情绪的诀窍。具体做法是：**我们可以想象自己四周被线条清楚地划分出令人担忧和让人感到心安的区域。**首先，想象自己是被10厘米左右厚度的安全层保护着的，然后慢慢伸开手臂，在手臂可及的范围内，画一个圈。这个范围就是我们自己的意志可以控制的范围，是只有家人、恋人等你内心允许的人才能进入的范围。这个范围在心理学上被称为"亲密地带"。**我们在脑海中想象亲密地带，就是在想象自己周围有一个令人安心的空间，这样做有助于我们抚平心绪，缓解不明原因的紧张不安。**

如果这个方法对你没有效果，你仍然觉得非常不安，那么这种情绪可能会进一步发展，甚至走向极端，这种情况我建议去心理诊所就诊。

人为什么会产生不安的情绪？

如果事情超出了自己的预想，不知道会发生什么，人就会感到不安。

消除不安的方法

❶ 活动手

❷ 伸开胳膊

❸ 做一个保护自己的空气屏障

想象在这个空间内是可以按照自己意愿行事的，不会发生预想之外的事情，这个空间是保护自己的，可以缓解不明原因的不安。

为什么明明很累却睡不着？

衰老或压力会导致睡眠质量下降

明明很累却睡不着、半夜或天还没亮就醒了……我们称这些睡眠的烦恼为“失眠”或“睡眠障碍”。

我们在睡觉的时候，两种睡眠周期会交替出现，它们分别是“快速眼动睡眠期”和“慢波睡眠期”。在快速眼动睡眠期，大脑还醒着而身体睡着了；在慢波睡眠期，大脑也进入了深度睡眠。慢波睡眠的深度分为四个阶段，随着年龄增长，很多人通常只能进入第二至第三阶段的深睡眠。所以人们会感觉上了年纪后睡眠变浅了。另外，年轻人如果压力过大或者有心事，也无法进入深度睡眠，甚至会出现失眠的症状。

如果出现慢性睡眠障碍，不仅注意力和判断力会下降，免疫力也会降低，人就容易感染疾病。除此之外，人们还发现，长期的睡眠问题还会影响瘦蛋白这种激素的分泌，瘦蛋白可以抑制食欲，因此长期存在睡眠问题的人容易发胖。

要想解决害处多多的睡眠问题，改善睡眠环境是不可或缺的。睡前关掉卧室的灯，不要看手机或电视。此外，心理诊所可以根据失眠类型对症下药。**要想减轻睡眠问题给我们带来的压力，最重要的是即使睡不着也不要太在意。**就算只是静躺着闭上眼睛，也是可以让大脑得到休息的！

失眠的两种类型

早醒

黎明时分就醒了。

入睡困难

躺在床上 30 分钟到 1 小时仍睡不着。

没有数据证明失眠会导致疾病

虽然失眠会导致精力不集中或白天犯困，影响社会生活，但是没有数据表明失眠会直接导致癌症、糖尿病等比较严重的身体疾病。

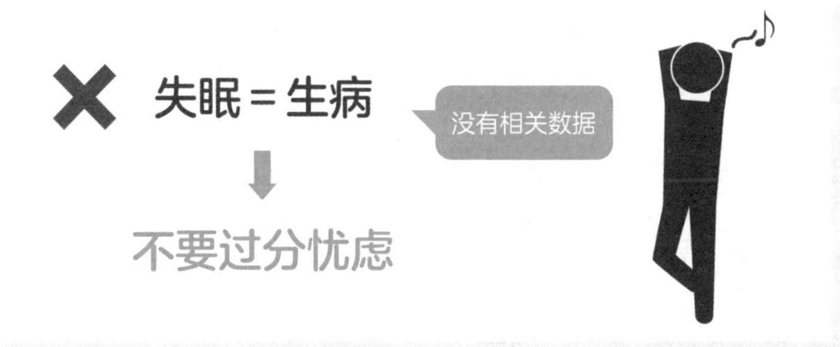

夏季和冬季容易抑郁？

仅在特定季节发作的季节性情感障碍

有的人只会在一年中的某个季节出现心情不好或动力不足的情况。这是一种被称为季节性情感障碍（SAD，Seasonal Affective Disorder）的心理疾病，别名是“季节性抑郁”。具有代表性的是夏季抑郁和冬季抑郁。夏季抑郁多发于每年5—9月，主要症状是食欲不振和失眠。夏季抑郁有点像夏季乏力，二者的区别在于是否伴有情绪上的低落。而冬季抑郁主要出现在10月至次年3月，与夏季抑郁不同，冬季抑郁的特点是食欲增加、过度睡眠。

为什么夏季和冬季会多发季节性情感障碍呢？第一，初夏和初冬之时，身体容易不适应过热过冷的气温变化，气温骤变成为导致身心不调的一个因素。另外，冬季抑郁与冬天日照时间短，人体的生物钟容易紊乱有关。治疗冬季抑郁，照射疗法很有效，就是**用接近日光照度的光照射人体一段时间，这样可以促进褪黑素正常工作，从而调节人体的生物钟，缓解抑郁**。

即使没有患季节性情感障碍，那些不爱早起的人、生活不规律的人也更容易感到孤独，更容易产生抑郁情绪。每天早起，多晒太阳，对改善睡眠、保持好心情是很有效的。

两种典型的季节性抑郁

夏季抑郁

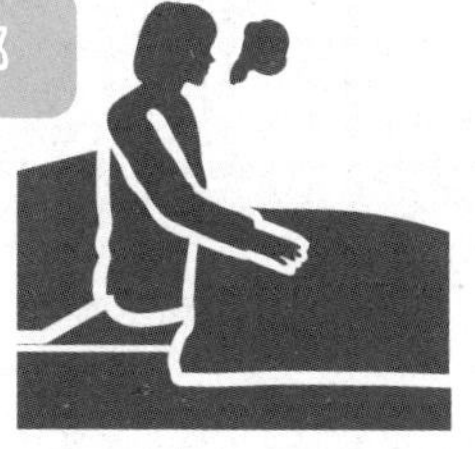

5—9 月出现

食欲不振

失眠

冬季抑郁

10 月至次年 3 月出现

食欲增强

过度睡眠

3—5月自杀的人较多

日本警察厅 2019 年的统计结果显示，3—5 月自杀的人较多。据说人们的生死总受一些“坎”的影响，在日本，这个坎是在 4 月前后[1]，除此之外还有“五月病”[2]的影响，因此 3—5 月自杀的人较多。

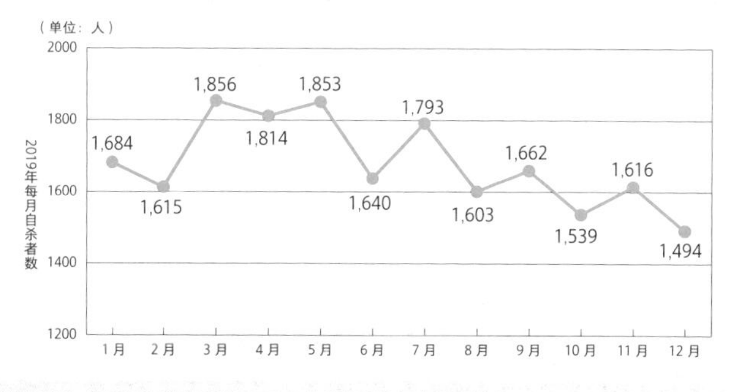

资料来源：根据日本警察厅《2019 年自杀状况》调查结果制成。

[1] 在日本，新学年、公司入职、财务年度等，都是从 4 月份开始的。——译者注

[2] 指五一黄金周假期结束后出现的情绪低落、丧失动力等现象。有分析认为这与 4 月份面临新变化，积攒了一定的心理压力有关。——译者注

情绪化进食的减压效果只能持续20分钟

口腹之欲是情绪化进食和嘴馋的原因

我们感到疲劳或烦躁时，喜欢尽情地吃点自己喜欢的东西来转移注意力。有时在工作或学习中，明明不是很饿却很嘴馋，不自觉地就想拿点东西吃。人有压力的时候想要吃东西，是因为口腹之欲变强烈了。婴儿不仅是在肚子饿的时候，才会想要吮吸妈妈的乳头，在感到不安的时候也会，以此获得安全感。同样，大人在感到疲劳和不安的时候，也会通过吃零食、糖果，嚼口香糖，或者抽烟、啃指甲等方式满足自己的口腹之欲，以此缓解压力。

即便如此，情绪化进食对焦虑的缓解只是暂时的。有研究表明，**吃东西之后的20分钟内，人的动力或幸福感会上升，但20分钟以后，心情反而会比吃东西前还要低落，感到压力爆棚**。也就是说，吃东西并不能缓解压力，还会造成体重增加，给我们带来新的焦虑和烦恼。

所以，当我们意识到自己是因为焦虑而吃东西的时候，要告诉自己，这样是没用的。嘴馋是心灵孤独的表现。通过和亲朋好友聊天来缓解自己的焦虑情绪，是非常重要的。

吃东西的解压效果只能维持20分钟

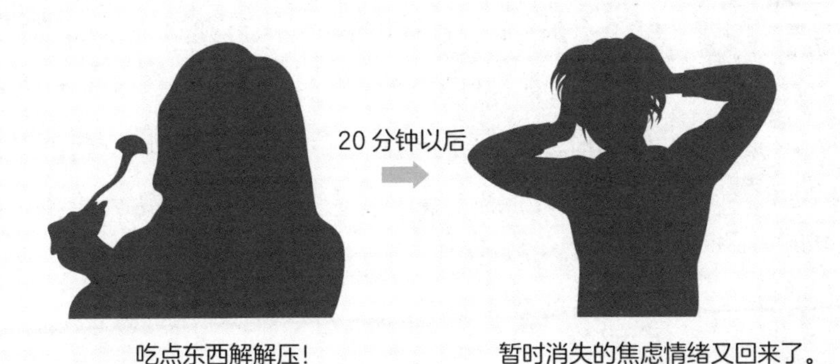

意识到“吃东西也不能让我们心情好起来”，也许可以帮助我们克制因焦虑而过度进食。

可以尝试做点别的事情来取悦自己

当感觉到可能要过度饮食的时候，可以尝试与人聊天、打电话、发邮件、培养一个新的兴趣爱好。在社交软件或博客上记录自己的减肥日记，也是很有效的方法。

在社交软件上写减肥日记　　投入到兴趣爱好当中　　与人聊天

压力引起的咽喉部不适感怎么消除？

将注意力从不适处转移是有效办法

有很多患者会因咽喉部不明原因的不适来心理诊所就诊，医院进行详细检查后没有发现什么异常，但患者喉部却总有持续的不适感，这种情况可能就是典型的“癔球症”。癔球症的患者会感到喉咙或鼻腔深处堵着一个球，非常不舒服。目前我们还不清楚其发病机制，但是如果有紧张不安等精神压力，有时就会出现这种症状。除癔球症会导致咽喉部不适以外，身体其他部位也可能会有异物感，比如胸部、腹部、头部的刺痛感等。不管哪种，只要在医院检查没有发现异常，就可以考虑是不是精神压力引起的“疑病症”。

出现这种症状后，**我们要做的不是治疗，而是缓解患者压力**。比如建议患者多与人聊天、多写写日记，必要时去做心理咨询，通过这些方法来消除烦恼和心中的抑郁不快。除此之外，**最有效的方法是转移注意力**。越在意自己的症状，越会觉得不舒服。可以通过运动、培养兴趣爱好、品尝美食，强迫自己把注意力从有不适感的咽喉、头部或腹部这些地方转移开。

什么是癔球症？

即使去了医院……

癔球症是指患者感觉咽喉或鼻子深处不舒服，像堵着一个球。在医院很难诊断出病因，因为其实并没有堵着什么东西。

立刻见效的改善方法是“转移注意力”

运动

吃东西

感觉不舒服时，通过运动或吃东西，把注意力从嗓子那里转移开。建议有意识地重复使用这个方法。

抑郁症、惊恐障碍的发病原因

认为压力有害的人，心灵更容易受伤!

本书一开始就提到了压力未必是有害的。但是对认为压力有害的人来说,压力可能真的会对身心造成伤害。那么，这样的人如果积攒了压力，会对身心产生怎样的影响呢？**如果不能很好地消除压力，突破了心理承受的极限，就可能会发展为“抑郁症”“适应障碍”“惊恐障碍”等心理疾病。**

抑郁症的主要表现有情绪低落、动力不足、食欲不振、失眠等。抑郁症患者中，八成左右的人是因为工作或职场人际关系发病。严重的抑郁症患者甚至早晨都无法起床，严重影响正常的社会生活。

与以情绪低落为主要症状的抑郁症相比，还有一个症状为广义的“难以适应社会”的心理疾病，叫“适应障碍”。它的特点是，因为强烈的担忧、紧张、烦躁等情绪而无法适应周围的环境。

惊恐障碍是指因压力或紧张出现心悸、呼吸困难等惊恐症状的疾病。患者中女性比男性更为多见。

当我们的心理承受能力快到达极限时，会出现食欲下降、睡眠变浅、无法投入到自己的兴趣中、想起工作就会担忧等前兆。**如果出现了这样的信号，请一定注意及时休息，有效排解压力，这样才可以预防出现更严重的症状。**

压力积累过多可能引发的心理疾病

抑郁症

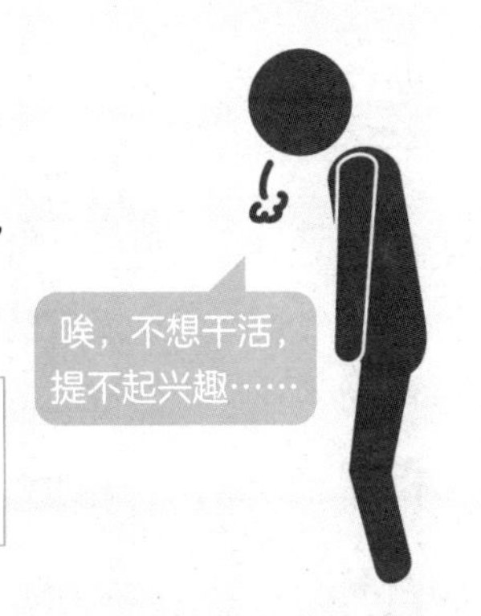

“内源性抑郁”是大脑内神经递质紊乱引起的，“心因性抑郁”是工作、人际关系等刺激引起的。

特征
- 食欲下降
- 失眠
- 干劲不足

适应障碍

因受到应激源的刺激而感到无法适应社会。适应障碍与抑郁症有些相似，但抑郁症的主要特点是情绪低落，而适应障碍的主要表现是“无法适应”。

特征
- 烦躁
- 过度不安
- 过度紧张

惊恐障碍

因压力大或紧张突然发病，发病后的“预期焦虑”持续1月以上。预期焦虑是指过度担心自己“如果再次发病怎么办”。

特征
- 心悸
- 呼吸困难
- 出汗
- 胸部不适
- 预期焦虑

容易被误解的『新型抑郁症』

与传统抑郁症不同，新型抑郁症情绪起伏较大

现在患“新型抑郁症”的人越来越多了。新型抑郁症与传统抑郁症不同，传统抑郁症的典型症状是长期的情绪低落、对任何事都提不起兴趣，**而新型抑郁症是“情绪反应性”的，即情绪有明显的起伏变化**。新型抑郁症的患者可能无法工作，却可以投入到自己喜欢的或有趣的事情当中。他们面对讨厌的事，情绪会非常低落；但如果面对的是喜欢的事，则会心情大好，这与以往的抑郁症的表现不同。这一类抑郁症统称为新型抑郁症。

虽然新型抑郁症比传统抑郁症的症状轻一些，但新型抑郁症患者也会出现食欲或睡眠方面的问题，特别是有睡眠时间过长的倾向。有很多患者觉得怎么睡都睡不够；感到浑身乏力。另外，因为新型抑郁症患者仅在特定情境下情绪低落，所以有时连本人都很难发觉自己患病了。**即使身心出现各种状况，他们都很难意识到这是因为生病了，反而会认为自己是一个很差劲的人，陷入自我否定，这样的情况并不少见。**而且，因为他们有时看上去很有活力，所以周围的人也容易认为他们是任性、不懂事。他们得不到周围人的理解，会感到更加痛苦。

新型抑郁症的致病因素除了遗传以外，还有凡事都很敏感的性格，以及长期工作压力较大或人际关系紧张等环境因素。

新型抑郁症与传统抑郁症的不同

新型抑郁症

可以做喜欢的事，但做不了讨厌的事。

传统抑郁症

无论是工作、生活还是玩耍，对所有的事情都提不起兴趣。

新型抑郁症的致病因素

遗传

家族中患有抑郁症的人较多。

环境

与合不来的领导一起工作、工作环境压力大、朋友关系紧张等。

性格

“对每件事情都容易产生反应”的敏感性格。

『自主神经功能紊乱』与抑郁症有何不同？

其实不存在自主神经功能紊乱这种疾病

不知是否有朋友有这样的经历：身体不舒服去医院，被医生诊断为“自主神经功能紊乱”。实际上，自主神经功能紊乱并不是一个正式的疾病名称。因自主神经功能紊乱出现的一系列异常，本来应诊断为“抑郁症”“惊恐障碍”“适应障碍”等心理疾病，但如果患者的症状不足以被确诊为上述疾病，或者不方便对患者说明真实情况时，医生就会说是自主神经功能紊乱。

自主神经指的是不受意志影响和控制、自主发挥作用的神经。我们体内有交感神经和副交感神经两套作用不同的自主神经系统，它们互相配合，保持平衡，负责调节呼吸、血液循环、体温、消化等身体机能。但是，**如果压力过大导致自主神经系统紊乱，那么相应的身体机能调节就会出问题**。如果内脏功能等全身性功能下降，身体就会出现各种各样的问题。举个例子，抑郁症会伴随食欲下降和睡眠障碍等问题，这些都是自主神经紊乱引起的。

因此我们在治疗时，**最重要的是先确定是否是自主神经紊乱引起的精神类疾病**。确定了病因之后，在缓解患者压力的同时，还要配合特定的药物、心理咨询等进行治疗。

自主神经

自主神经分为交感神经和副交感神经，两者的活动是相反的，通过拮抗保持一种动态平衡，调节身体机能。

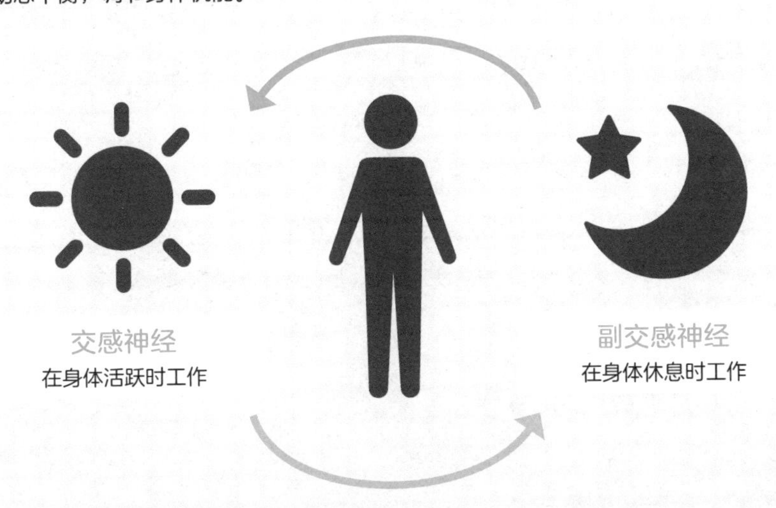

自主神经失调

生活节奏不规律、压力大可能导致交感神经和副交感神经失调，出现各种症状。

小贴士

疲劳的原因在大脑不在身体！

努力工作或学习之后，我们经常会不自觉地说“啊，好累啊”，对不对？但其实那种“身体被掏空”的感觉，并不是来自肉体的疲劳。内科医生、疲劳问题专家梶本修身说：“持续做深蹲这种激烈的运动才有可能损伤到人的肌肉。”也就是说，工作、学习、轻度的运动等日常行为对肉体基本没什么影响。当然，如果因为工作学习繁忙导致睡眠时间不足、饮食不规律，可能会间接损害身体健康。但是努力工作和学习并不会直接损伤我们的身体。

那么为什么我们还会觉得疲劳呢？那是因为大脑倦怠了。不管是学习还是工作，长时间做同样一件事，大脑中就会积攒疲劳物质，反应速度也会变慢。这时我们会觉得连身体都累了。所以，当你感到累的时候，就去休息或睡一觉，让大脑重启一下吧！

工作、学习、轻度运动→不会损伤肉体

第 3 章

消除人际关系带来的压力

不要介绍不同圈子的朋友认识

边界密度过高会让人透不过气

学生时代的朋友、公司里一起入职的同事、孩子好朋友的家长，你的人际关系网是由不同圈子组成的。这些不同圈子的人之间关系的紧密程度，在心理学上被称为“边界密度”。假如你学生时代的朋友通过你认识了和你一起入职的同事，并有频繁交流的话，就意味着边界密度比较高。

边界密度高，乍一看会让人觉得你的交际圈广，好像挺不错的。但实际上，对你的心灵来说，边界密度低一些会更好。心理学家伯顿·赫什（Burton Hersh）调查表明，你的不同圈子的朋友之间交流越少，你的精神状态越健康。如果你不同圈子的朋友互相不认识，那么你可以向其中一方发发关于另一方的牢骚。但如果他们认识，你就没办法大大咧咧地吐槽了，说什么都要非常小心。所以，如果你觉得“他们两个应该很合得来”，出于好心介绍他们认识，到最后他们过于紧密的关系肯定会让你透不过气来。

如果你已经在为边界密度过高的人际关系烦恼了，我建议你再开拓一个完全封闭的新圈子。建立一个新的社交圈也许能帮你找回从前那种平静的感觉。

边界密度低一些比较好

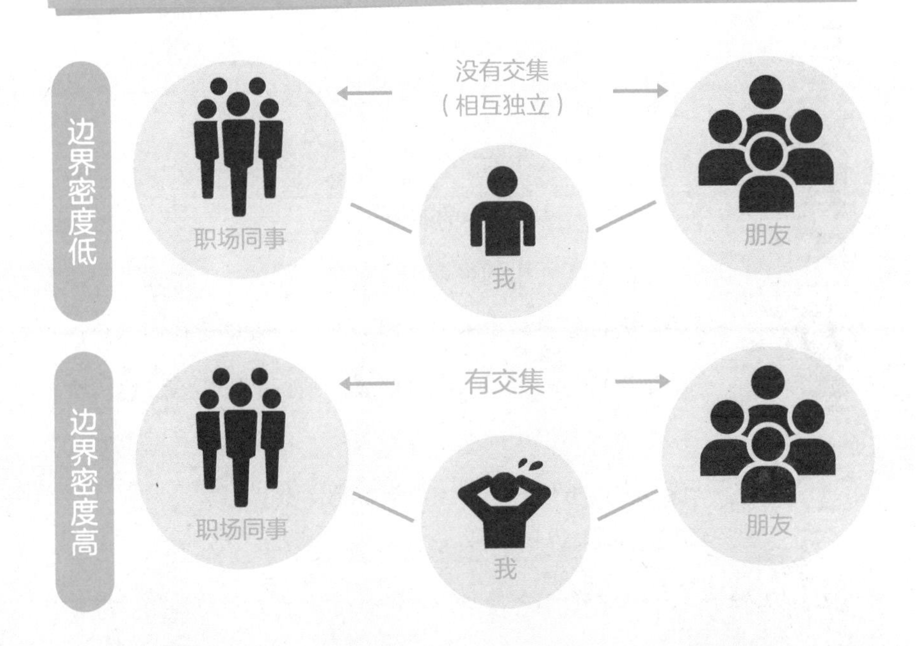

拥有几个可以不透露自己真实姓名的圈子

例如

- 在社交软件中不公开自己的姓名
- 在网络游戏中用网名
- 博客仅对朋友开放

为自己打造一个不向外界展示的、只有自己的世界，这样我们的情绪会更稳定。

易积累压力与不易积累压力的工作

易令人出问题与不易令人出问题的职业

受遗传或性格因素影响，抗压能力较差的人在工作上也容易积攒压力。除了个体因素，工作也有易令人生病和不易令人生病之分。

· 与人接触较少的职业

虽然工作中的很多压力来自人际关系，但如果工作中与人接触过少也不好。因为那样会很难让我们感到自己是社会的一分子，也难以感受到自己工作的价值，所以心理容易出现问题。像漫画家、程序员这种一个人就可以完成工作的职业，需要特别注意。

·“情绪劳动”的服务行业

在客服中心接听投诉电话的客服人员、餐厅的服务员，以及收银员等服务业从业人员，需要压抑自己的真实情绪来服务客人或应对投诉。越是这种需要提供情绪价值的工作，越容易让人积累压力。

· 工薪阶层比老板更容易积累压力

被老板强制要求做事的人，比老板更容易患抑郁症。虽然老板担负着巨大责任和压力，但因为可以控制选择，所以他应对困难的能力较强。而工薪阶层要听命于公司的安排，强制会带来压力，所以在精神上更容易出问题。

自认为抗压能力较差的人，在选择行业和职业时要考虑到对自己精神层面的影响哦。

容易积累压力的工作

与他人没有接触的工作

可以独自默默完成的工作

不与任何人见面、交流的工作容易让人生病。

- 漫画家
- 程序员
- 独立作业的工厂工人

等等

必须控制自己情绪的工作

“情绪劳动”的工作

为客人提供服务时必须控制自己情绪的工作，更容易让人生病。

- 在客服中心接听投诉电话的客服人员
- 餐厅服务员
- 服装店销售员

等等

可以自己控制的工作不容易积累压力

要承担业务上的责任，有压力，但工作本身可以实现自我价值。即使面对的是高强度的工作，但只要销售额上涨，公司的价值和个人收入也会跟着提高。

↓

不容易让人生病

以柔克刚——嘴甜一点可以改变对方的态度

世界上有这样一种人，他们就爱说一些诋毁或批评别人的话。为什么会这样呢？这是因为这样的人缺乏自信。他们之所以对别人态度强硬，是害怕对方瞧不起自己，因此想通过攻击他人来确认自己的价值。

面对这种人，如果你把他的话当真了，甚至去攻击他，都是毫无必要的，只是徒增自己的烦恼。下面这些"投其所好"的做法才是最好的解决方法。

①夸奖

对一个缺乏自信的人来说，夸奖他是最让他心花怒放的。除了想法和观点以外，对他的工作能力、外表、服装,可以事无巨细地多多夸奖。这时他心里会嘀咕"如果我还对你这么坏的话你可能就不夸我了"，这样一来，也许他就不会再过分攻击你了。

②请求帮助

请对方帮忙，是让对方提升自我价值的绝好机会。"你说 A 和 B 哪个方法好呢？"像这样用对方比较好回答的方式提问，也是很有效的方法。

不管是工作还是育儿，夸奖都非常重要。如果我们能**善于发现别人长处、会夸奖别人**，可以帮助我们构建没有压力的人际关系，自己也能因此变得阳光积极。

经常批评或说别人坏话的人缺乏自信

批评
我觉得你这点不好！

坏话
那人真烦！

与缺乏自信的人相处的小技巧

① 夸奖

外表、能力、服装等，总之，夸就是了！

因为没有自信，所以被夸奖会非常开心。为了能得到更多的夸奖，会缓和自己的态度。

如果对他还是这么不友好的话，他可能就不会夸奖我了！

② 请求帮助

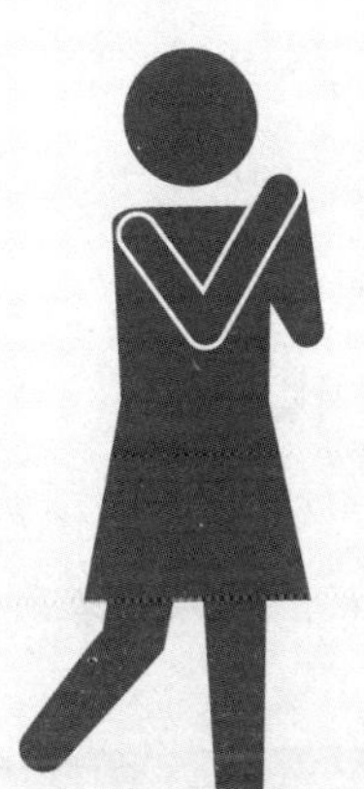

表扬对方之后，可以拜托一些希望对方做的事情。

对方被表扬之后心情会很好，更容易答应请求。

我也得帮帮他才行！

被『点赞』裹挟的后果

社交软件的圈套——让人们的“认可需求”失控

随着社交软件的推广，我们经常能听到**“认可需求”一词。认可需求是指“希望自己被别人认可”“希望自己是特别的”的心理需求。**

根据美国心理学家亚伯拉罕·马斯洛（Abraham Harold Maslow）提出的“需求层次论”，人类有以下五种层次的欲求：第一层次是食欲、睡眠等最基本的生理需求；第二层次是希望保证自己身体及生活环境安全的安全需求；第三层次是希望自己所属的集团接纳自己的爱与归属的需求；第四层次是希望自己是特别的、受尊重的尊重需求；当这些需求都满足以后，人会有第五层次的需求，即想实现自己的梦想和愿望的自我实现需求。认可需求是将第三层次的爱与归属的需求与第四层次的尊重需求合并在一起的一种需求，是任何人都有的一种基本需求。

在社交软件上，我们可以随意发表自己的意见、展示自己的生活，看见的人可以为我们点赞。从这个角度讲，社交软件是满足我们认可需求的理想工具。但如果使用不当，就可能控制不住自己的认可需求。随着朋友圈点赞次数的增加，从中获得的满足感会下降，继而会希望得到更多的赞。所以，如果被点赞数量裹挟，它就成了一个新的压力，导致我们产生“社交软件疲劳”。

马斯洛的需求层次论

人的需求可分为：①生理需求；②安全需求；③爱与归属的需求；④尊重需求；⑤自我实现需求。低层次的需求被满足后会产生高一层次的需求。

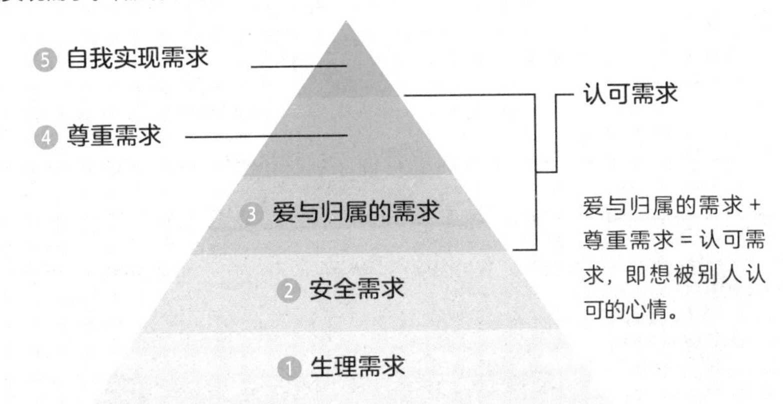

在社交软件上得到的“认可”容易让人习以为常

反复收到相同程度的反馈，开始习惯，习惯之后便不再感到喜悦。

社交软件依赖症的威胁

社交软件依赖症会侵蚀我们的心灵

在社交软件上，自己的朋友圈有很多人点赞，会给我们带来巨大的满足感。在这种满足感背后，我们要警惕自己是否"中毒"了。人们观察到，沉浸于社交软件无法自拔的人的大脑，与沉迷酒精的人的大脑有相似的损伤。"总是想着社交软件的事""特别在意赞和评论的数量""如果没有引起预想中的反响就觉得焦虑"，这些都是患上社交软件依赖症的信号。**如果忽视了这些信号，深陷其中不能自拔，最后我们的心灵也会受到伤害，会出现注意力下降、做事缺乏动力、感情麻木，特别是难以感到快乐等类似于抑郁症的症状。**工作和生活会受到严重影响。

如果你能意识到自己"不会得了社交软件依赖症吧？"，那么还来得及。我们首先能做的是把手机、电脑等可以使用社交软件的工具放到离自己远一点的地方，以此与社交软件保持一定的距离。**然后可以设定一个工作或学习的目标，努力去完成，用社交软件以外的方式来满足自己。**通过运动转换心情也是很有效的办法。

社交软件可以让每个人自由地表达自己，让我们与全世界的人交流，让我们的人生变得丰富多彩。为了能一直享受这份简单纯粹的快乐，我们需要提醒自己，与它保持一个合适的距离，毕竟距离产生美嘛。

现代人需要警惕社交软件依赖症

以下是自测是否有网络依赖症的部分题目。如果“是”的数量多，则患有依赖症的风险较高。请你将“网络”换成“社交软件”，测试一下吧！

◇ 不知不觉就上了很长时间的网，比自己想象中的时间长，有这种情况吗？

◇ 通过网络交了新的朋友，有这种情况吗？

◇ 为了把自己的注意力从日常生活的烦恼中转移出来，就通过上网来获得心灵的宁静，有这种情况吗？

◇ 发现自己做事时会分心，想着一会儿要上网的事，有这种情况吗？

◇ 牺牲睡眠时间，上网直到深夜，有这种情况吗？

◇ 想要减少上网的时间，却做不到，有这种情况吗？

如果觉得自己有点危险，从依赖症中解救自己的四个方法

忍耐

不要求自己突然一下完美戒掉，而是一点点地忍耐。比如“忍耐一次试试”“戒掉 5 分钟试试”。

通过其他方式满足自己

运动、工作、学习，做一些有益的事情。重要的是不要总想着“戒掉”，而是想着“通过其他方式满足自己”。

保持距离

出门时把手机放在家里、关机等，在物理上与社交软件保持距离。

记录

记录自己想要打开社交软件但忍住了没有打开的次数。

过于敏感，易积累压力，难道我属于高敏感人群？

把敏感当成一个优点

近年来，高敏感人群（HSP）一词越来越受到人们的关注。HSP 即 Highly Sensitive Person，意思是非常敏感的人，是心理学家伊莱恩·N. 阿伦（Elaine N.Aron）提出的概念。远古时期，人类靠捕猎为生，无论是发现猎物还是保护自己免受天敌攻击，敏感都是一项重要的能力。后来，人类的生存环境渐渐稳定了，敏感程度也降低了，但现代社会中，仍有一部分人继承了人类祖先的敏感，这个比例大概是五分之一。

“在意别人的脸色或谈话内容”“对声音和气味敏感”，有这类感觉的人有可能就属于高敏感人群。高敏感人群对每一件事都会产生反应，所以更容易积累压力，更容易感到生存的不易。

但是，**高敏感未必是一个缺点。因为敏感所以更能关照身边的人，因为容易代入感情所以更能设身处地为他人着想。**从前人们批判的“怯懦”“内向”性格，随着高敏感这一概念的普及，现在会被当作优点来说，比如“用心周到”“做事慎重”等。所以**如果你属于高敏感人群，就把这份敏感当成自己优秀的特质吧，这能帮助你积极看待面对的各种压力！**

HSP（Highly Sensitive Person）

HSP，是指具有敏锐感受的人。这是一种天生的气质，据说每五人当中就有一人属于高敏感人群。

HSP自测题

◇ 爱察言观色

◇ 在意别人谈话的内容

◇ 容易被噪声困扰

◇ 容易受到惊吓

◇ 对气味敏感

◇ 对生活中的变化容易感到混乱

◇ 别人一下子拜托很多事，会觉得很乱

◇ 容易把感情代入电视剧的人物当中

◇ 会被美术、音乐等深深感动

◇ 周围的人经常说“你真敏感哟”

如果有6个以上符合，你是HSP的可能性就比较高

心理阻隔[1]比较薄，所以对周围很敏感

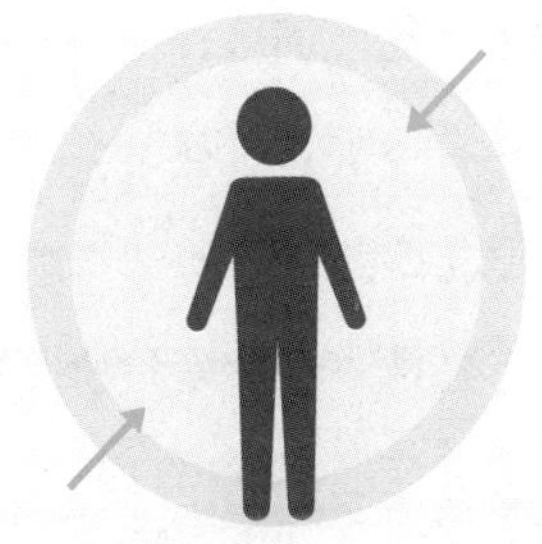

非高敏感人群

心理阻隔较厚，即使周围有人，也不是很在意。

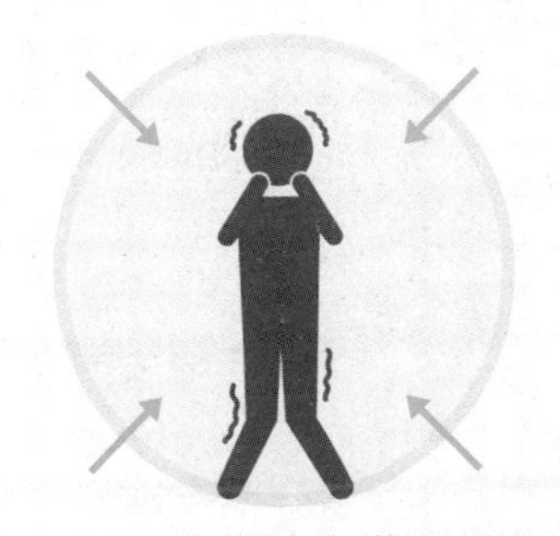

高敏感人群

心理阻隔较薄，总觉得周围的人在看自己，不自在。思考问题容易消极。

[1] mental block，心理学概念，指排除外部心理干扰的能力。——译者注

思虑过度的性格源自一种『认知偏差』

通过改变思维方式来解决

高敏感人群中的很多人非常在意周围人的脸色，也因此感到压力很大。如果被领导批评了，会担心“领导是不是讨厌我才生气的”。如果对方邮件回复迟了，就会担心“是不是惹对方生气了”。有的人会越来越谨小慎微。

之所以有这种倾向，是因为高敏感人群有着对事情过于在意这一气质特点。我们可以通过纠正认知偏差，也就是训练思维方式来解决这个问题。

具体的做法是，当脑海中浮现出令人烦恼的事情后，马上尝试从相反的角度思考，“但是……”。比如，“科长可能觉得我能力不行。但是他前几天还表扬我资料做得不错呢”。用客观事实来反驳自己臆想到的对方的心情。**通过事实来打破困扰自己的不安，把消极的印象转化为积极的认知**。如果持续进行这个训练，会一点点纠正不良的思维模式，慢慢地，看待事物时就不会扭曲客观事实了。**如果能明白是自己先入为主的想法影响了自己与他人的交往，就能不卑不亢地、自然地与他人接触了**。在此基础上，如果能向了解你的、值得信赖的人倾诉的话，你的心情会更加轻松！

思虑过度的人的思维方式

思虑过度的人的思维方式是，发生任何事都容易把矛头指向自己，怀疑“是不是自己的原因”。

开会时轮到自己发言，别人打了个哈欠

是不是我说的话太无聊了……

神经大条的人的思维

· 开会真无聊啊。

· 他是不是睡眠不足啊？

别人取消了和我的约会

他是不是本来就不想见我……

神经大条的人的思维

· 他可能感冒了吧。

· 等下次有时间再见面吧。

与我擦肩而过的人笑了

他是不是觉得我的发型很奇怪啊……

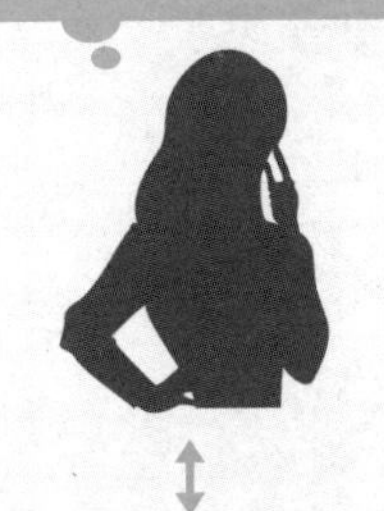

神经大条的人的思维

· 他们聊什么呢？

· 他们肯定有什么开心的事吧。

用“但是 + 事实”的句式反驳自己

如果被消极的思维方式困住了，用“但是 + 事实”的句式反驳自己，可以修正自己的认知。

大家都讨厌我……

但是 ×× 说他喜欢我呢。

但是 ×× 对我说话很温柔啊。

但是 ×× 经常给我发邮件联络呢。

如何消除有话不敢说的烦恼？

不好说出口的话，试试在后面加一句“如果能……就太好了！”

谁都有过想说却说不出口的经历。高敏感人群这一倾向更明显。敏感的人心灵感知力强，善于换位思考，善于体察别人的情绪，容易在很多事情上费心劳神。这样的结果是，大脑中的想法过多，有时反而不知道该如何表达，或者有时会错过最佳开口时机。这样的人要想流利地表达自己，窍门就是精简想表达的内容后再开口。**比如只说最想说的一点；如果有几件事想说，那么最多就说三点**。想要做到这一点，平时生活中就要练习凝练语句之后再表达。

除此之外，我们有的时候会担心“我这么说一定很招人烦吧”，这种认知偏差会害得我们不敢发表自己的意见。这时首先要纠正认知偏差。**提醒自己不要单方面去揣测对方的反应，这样我们才能更容易表达自己的主张**。如果以上这些还是不能帮你勇敢地表达自己，那么我推荐一个方法，就是在想说的话的最后加上一句——“如果能……就太好了！”。我们不说“帮我一下”，而是说“如果能帮我一下就太好了！”。这样的话不仅自己比较容易说出口，对方听着也会觉得很舒服。

高敏感人群容易同时想到几件事

高敏感人群因为感知能力很强，大脑中容易同时产生几个想法。越想一下子说清，反而越不知道该怎么表达。

把自己的想法凝练一下，最多三点，就比较好表达了

加上一句“如果能……就太好了！”

帮忙打扫一下卫生。

必须得扫除，如果你能帮我一下就太好了。

我们去买衣服吧。

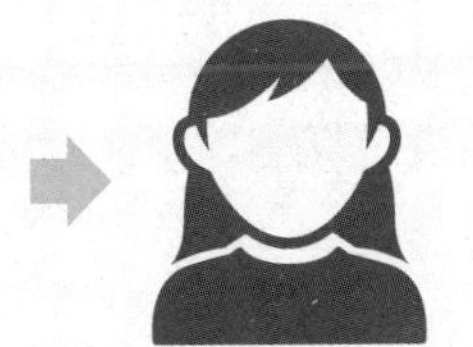

如果你能陪我去买东西就太好了。

免受言语攻击的最好方法

不给反馈，挫其锐气

之前提到，面对批评或否定我们的人，夸奖是一个有效的方法。但世界上还是有一些讨厌的人不吃这一套，他们会把你当成一个靶子不断来攻击你。特别是当你是个善于观察对方脸色的敏感的人，被攻击时就很容易反应激烈，这时，对方会觉得你的反应很有意思，会继续执着地攻击你。

面对这样的人，最有效的退敌方法是“不给反馈”。反馈指的是表现出对方行为产生的影响。**有实验证明，“人类在采取一些行动时，如果收到了反馈，那么会更有干劲”**。如果对方攻击你时，你表现出了一些反应，那么这个反应对对方来说就是一种反馈，他会因此更想继续攻击你。反驳、垂头丧气、离开现场……这些反应都是反馈，是绝对要避免的。**如果想要对方产生挫败感，无动于衷是最好的方法。**

具体做法是：当对方开始攻击你的时候，你就深呼吸，先控制住自己不要有任何反应。通过正念方法（后文会有详细介绍）把自己的注意力集中在呼吸上，让自己的身心都先放松下来。对方如果看到你无论怎么被攻击都没有反应、情绪稳定，应该会觉得很挫败，一下子就泄气了。

反馈会助长对方的气焰

反馈是通过行动清晰地向施加行为的人展示其造成的结果。得到反馈的人会“想继续这么做”。

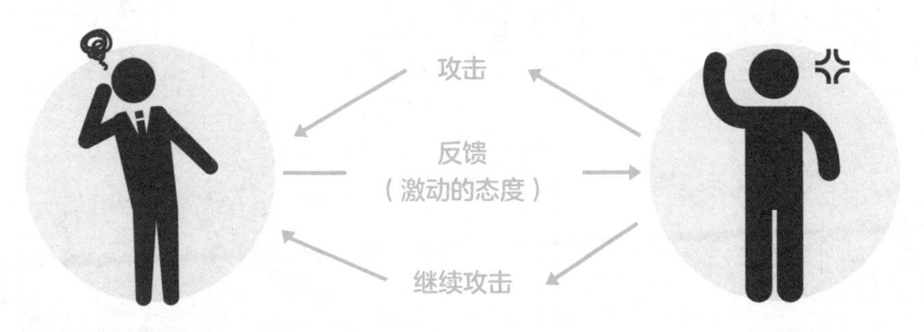

用稳定的情绪掐灭对方的攻击

面对攻击我们的人，做出“让对方不想继续攻击的反应”是很重要的。用稳定的情绪让对方产生挫败感。

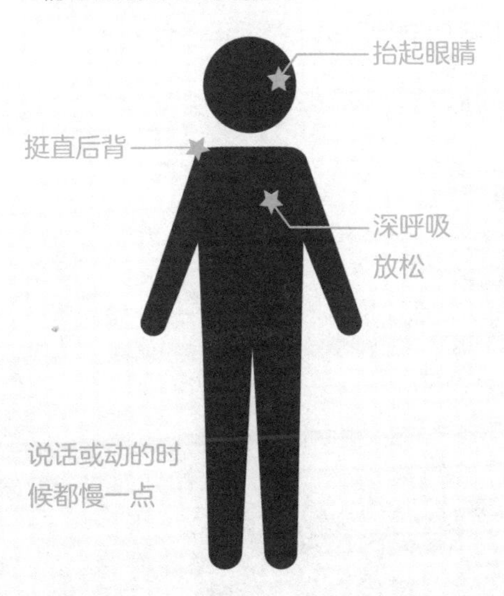

小贴士

困在抑郁状态中是因为“消极三角”

抑郁状态中的人有时看待问题的方式比较偏激，这被称作“认知偏差”。认知偏差会导致“消极三角”这一固定思维模式的循环。

否定自己：“考试没通过。我真是个没用的人。”→

否定世界 / 环境：“之所以这样全怪这个社会。”→

否定未来：“反正未来也不会有什么好事。”→

否定自己：“果然自己是个没用的人。”→

……

就这样，陷入消极思维方式的循环，加剧抑郁状态。

当你陷入消极三角中时，试一试寻找其他角度来看待问题吧。

“我真是个没用的人。”→“失败的也不止我一个人。”

“未来不可能有什么好事。”→“以后的事我不知道。没准也有好事。”

想从抑郁状态中走出来，改变看待问题的消极模式，矫正认知偏差是很重要的。

如果不能走出消极三角，抑郁状态就会持续下去

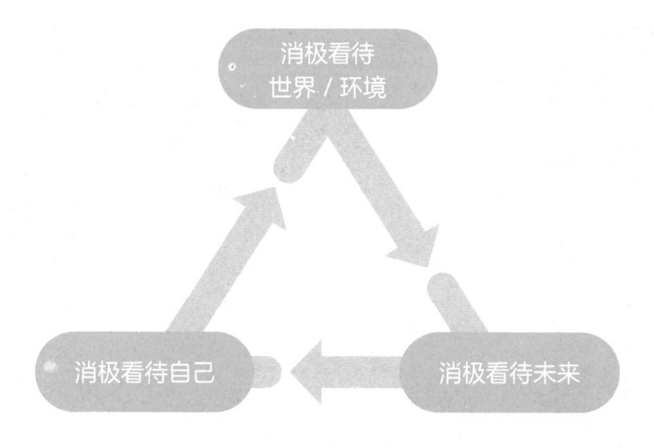

第 4 章

男性与女性感受压力的方式不同

擅长逻辑思维的男性抗压能力较弱

有问题也难以很好地表达出来

从语言学的角度讲，男性中擅长逻辑思维的人多，而女性中擅长感性思维的人多。

说话时，多数男性会事先在头脑中理清逻辑，再选择恰当的词汇表达。而女性则不然，很多时候女性说话时不考虑逻辑，而是直接表达自己的情绪和感情。

看一看社交软件等网络平台上大家发布的内容，女性之所以更爱分享实时动态，也是因为女性能迅速用语言表达出当下的感受和想法。而男性不太擅长用语言表达自己的情感，有时遇到了一些问题无法很好地表达出来，结果就是独自烦恼，精神上越来越痛苦。所以从这个角度讲，男性有时抗压能力较弱。

还有一个男性抗压能力较弱的原因——男性比较在意自己的“位置”。比如，在公司的群体中，谁是领导，自己的能力与同事、后辈比起来怎么样？潜意识中，男性总在与他人比较，也更在意竞争者的存在。

这一点也会体现在夫妻关系或恋爱关系中。有的男性甚至会因为吵架吵不过伴侣而感到羞耻。一般说来，过于在意能力对比或自己所处位置的男性，会因很小的事情感到压力。

男性更在意自己在群体中的位置

集体中谁是领导？

谁是上级？
谁是下级？

男性很在意自己在群体中的地位，经常把周围的人看作竞争对手。这种思维方式多见于男性，不过也有女性是这样的。

擅长逻辑思维的男性容易钻牛角尖

因为男性重视“逻辑上是否有错误”，所以不擅长用语言表达自己的烦恼。男性如果缺少倾诉对象，难过到极点时，选择偏激的处理方式的可能性较高。

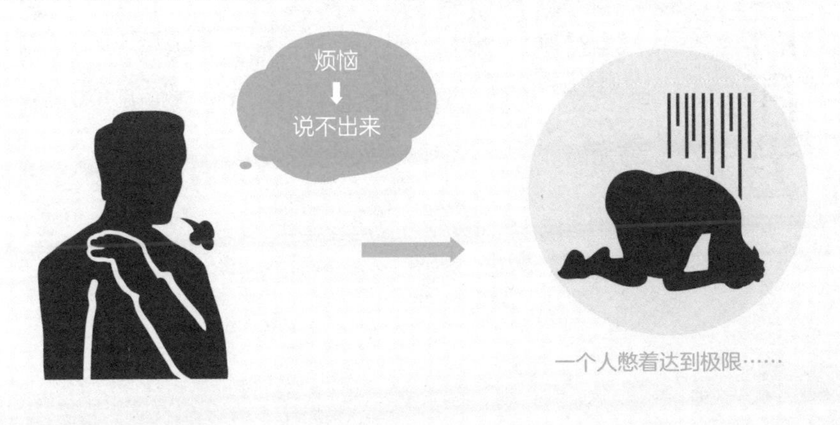

男性通过『挑战反应』缓解压力

把烦恼和痛苦当作弹簧，把沉重的压力弹回去

人承受压力时会产生挑战反应或体贴反应（见第16页）。

挑战反应是指人在承受压力时，会产生想要去战胜它的反作用力。比如，从给我们带来压力的失败中学习，抓住下次机会努力取得好的结果。这就是承受失败的压力时，产生了想要把压力弹回去的心理。如果没有失败，也许一切反而不会发生改变。

这就是反弹效应。把消极的事情变成契机，凭借它的反作用力，达成了更高的目标。举个例子，球掉到地上只会轻轻弹起，如果用力扔到地上的话，反作用力会让球弹得更高。我们在面对压力时也是如此。

大多数男性痛苦时不愿向人倾诉，而是倾向于自己解决问题。因此，男性更容易出现挑战反应。他们会用积极的情绪鼓励自己“必须做些什么”。他们不会轻易败给精神上的伤害，反而会抓住机会解决问题、开拓新的世界。促使我们采取积极行动，这可是压力自带的优秀功能。

男性会产生挑战反应，将压力化为动力

挑战反应是指人在承受压力时，会产生想要去战胜它的反作用力。男性比女性更容易产生这种反应。

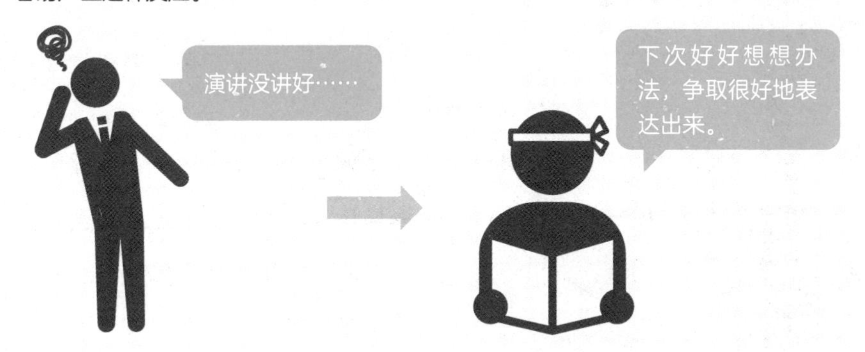

想做成的事没做好，感受到了压力……　　为了下次能达到预期目标，得好好准备。

肾上腺素会让我们干劲十足

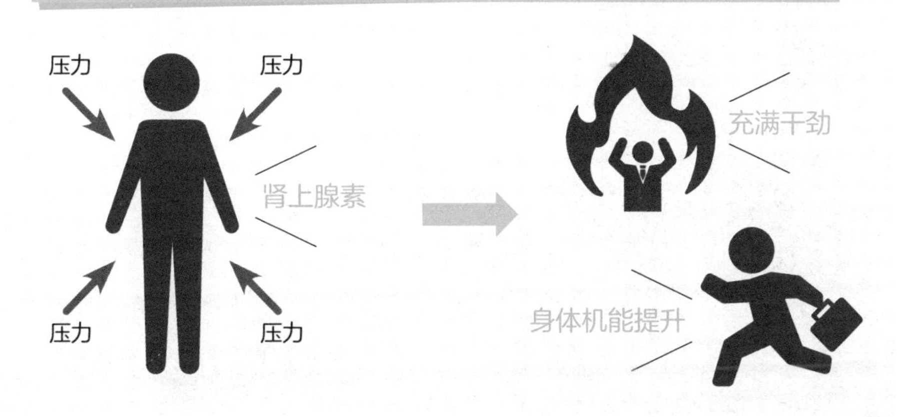

承受压力时，人体会产生一种叫肾上腺素的激素。肾上腺素有提高干劲、注意力、身体机能的作用。

女性要承受很多人际关系的压力

想要确立自己位置的女性

人际关系带来压力的情况并不少见。特别是女性总是倾向于在人际关系中确立自己的位置，因此，如果与别人产生摩擦，或者不能在群体里很好地找到自己的位置，她就有可能感受到压力。

邻里之间相处、与孩子同学的妈妈相处、与自己的朋友相处都会如此。如果是职场女性，还需要与领导、同事、公司后辈们保持正常的距离和级别关系，并在这个基础上弄清楚自己所处的位置。

进一步讲，职场人士面对工作，有一个很大的目标是“通过工作取得成果”，因此，“努力工作换来的成果是否被认可”这一点，可能会给人们带来很大的压力。

现在你明白了吧？女性要面对各种各样的压力，包括人际关系方面的，以及来自工作、生活中的担忧和不满等。

想要消除这些压在心头的大石头，最重要的是向他人倾诉，学会“整理自己的情绪”，这是有效释放内心压力的办法。正如前文所述（见第60页），女性善于用语言表达自己的感情。而且，女性不像男性那样排斥向周围的人倾诉自己的烦恼和痛苦。因为大多数女性善于通过聊天排解压力，所以我们一般认为女性抗压能力更强一些。

女性容易感受到来自人际关系的压力

女性如果在人际关系中与别人产生了摩擦，或者不能很好地确立自己的位置，就有可能感受到压力。

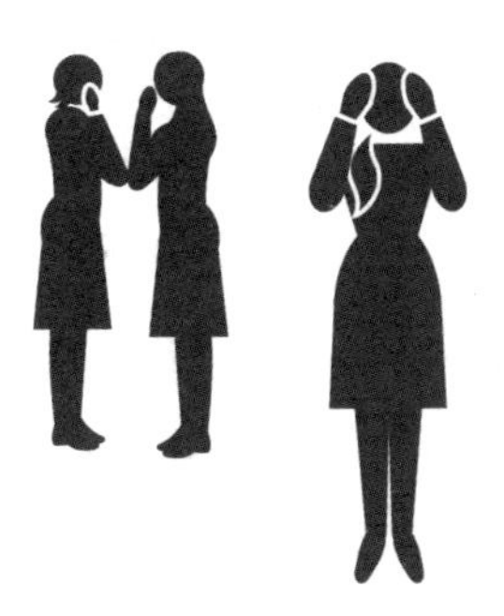

人际关系中的摩擦

在集体中与他人起了争执，可能会觉得是一种压力。

在集体中被孤立

不能很好地融入集体中，无法很好地确立自己的位置，也会觉得有压力。

女性比男性抗压能力强

遇到事情时，女性会马上和身边的人商量，并善于表达自己的感受，因此可以很好地排解压力。

向人倾诉

倾诉可以很好地调理自己的情绪。

排解压力

女性比男性更擅长通过语言表达来排解压力。

女性通过『体贴反应』缓解压力

女性善于向他人倾诉自己的烦恼和苦闷

前面提到，人在感受到压力时会产生挑战反应和体贴反应（见第 16 页）。特别是女性，更善于通过体贴反应来缓解压力。

体贴反应是指试图通过与他人产生联系来摆脱困难和危机。这与人面对压力时会分泌一种叫催产素的激素有关。这种激素会让人"想与他人产生联系"，因此我们会通过向家人或朋友倾诉自己的烦恼和不满来排解压力。

由于女性原本就擅长语言表达，而且不抵触向他人敞开心扉，所以通过体贴反应来缓解压力的女性很多。

"想与他人产生联系"这种心理，有时会以对周围人表达关心和爱的形式体现出来，比如想要帮助他人、开始新恋情等。在面对灾害时，受灾群众间的互相安慰、互相帮助，也是体贴反应的一种。

与挑战反应一样，体贴反应也会让人将压力转化成积极的想法和行动。从这里就能看出，**压力绝不是负面的东西**。一个积极的念头或一个正确的应对方式，就能将压力变成一个好机会。

女性通过体贴反应排解压力

体贴反应是指通过与他人产生联系来克服危机的反应。女性比男性更容易产生这种反应。

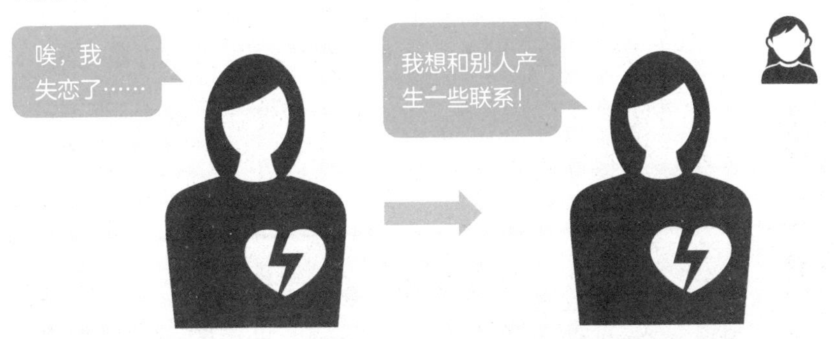

面对失恋等给人带来精神打击的事情，人会感到压力。

想向他人倾诉，想找人陪陪自己。

催产素可以缓解不安和担忧

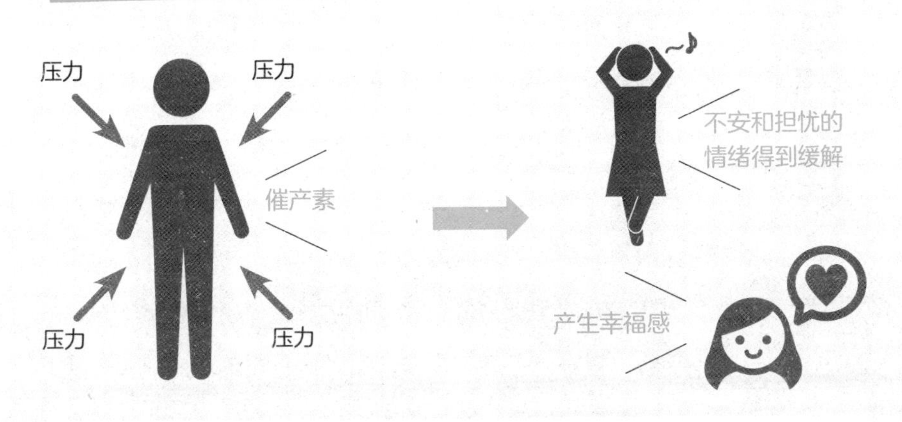

承受压力时，人体会释放出一种叫催产素的激素。催产素有缓解不安和担忧，提升幸福感的作用。

找人倾诉是排解压力的秘诀

烦恼被人认真倾听，我们会感到很安心

人在倾诉时会整理自己的思绪，这可以有效减轻感受到的压力。但对没有伴侣的人来说，身边没有可以倾诉烦恼和担忧的人，精神上容易消沉。这样的人一定想找到善于换位思考、认真倾听自己的人，这种情况下不必将倾诉对象限制在朋友或自家人中。

不过，倾诉对象也不是谁都可以当的。理想的倾诉对象是可以认真倾听我们说的话，能站在我们的立场思考，对我们的情绪感同身受的人。如果我们身边有这种善于倾听的人，我们疲倦的心灵就可以得到抚慰，精神也会比较稳定，从而把我们从沉重的压力中解救出来。

换一个角度，如果有人来找我们倾诉，我们能做的就是倾听，做一个完完全全的倾听者。最重要的就是认真听对方说的话，并且与对方共情。

倾听时，**可以说一些安慰对方的话，比如“你太不容易了”“你肯定很难过”，这样对方会觉得好受一些。**这两句话是心理诊所的医生也经常使用的金句，表明你理解对方的感受，请一定要记住。此外还要注意，在倾听的过程中，**千万不要说诸如“你也有不对的地方”这种责备对方的话。**这样指责对方，只会给对方施加更多的压力，千万要注意！

找人倾诉

人在倾诉时会整理自己的思绪，压力也会得到缓解。有倾诉对象的人，更不容易生病。

倾听者尽量不要发表意见，只表示理解就好了。

通过诉说，我们可以整理自己的心绪，意识到“自己可能也有需要注意的地方”，或者“明天又是新的一天”，积极正面地去看待问题。

寻找一个什么都可以倾诉的对象

仅仅是找人倾诉，得到对方的理解就能缓解我们的压力。特别是独处时间较长的人，快去寻找一个可以倾听自己的人吧！

给家人打电话，珍惜与家人的感情。

在社交软件上找到一个任何事都可以倾诉的人。

通过兴趣爱好结交新的朋友。

反感他人的行为时尝试归咎于『状况』

不要怪对方的性格，要怪“状况”

一般来说，人们不喜欢将他人的行为归咎于外部状况，而喜欢归咎于人的性格。大家是否有过这种体会：当别人迟到或没能遵守约定时，我们会在心里想“这个人真不靠谱”“真是一个不讲诚信的人”，即把事情发生的原因归结为他人的性格有问题，而这让我们内心感到很厌烦。即使对方有迫不得已的原因，我们也很难去往那方面想。很多心理学家都通过实验证明了这种心理。

而且这种思维方式，在家人、夫妻、恋人之间，也就是关系越亲密的人之间越明显。比如如果伴侣忘了做我们交代的事，我们会很生气，认为“他总是心不在焉的”。之所以会这样，是因为我们在亲密关系中比较情绪化，会发泄自己潜意识里的压力。

对他人的行为感到厌烦时，试着在脑海中描绘一下对方的处境吧。比如冷静地思考一下对方的生活方式和担负的责任，或者设身处地想象一下“如果我遇到这种情况会怎么样”。这样一来，你应该就能明白很多时候未必是性格原因，有可能是为了应对当时的状况而采取的行动。“这种状况下确实没办法”，如果我们能这样想，心情也会轻松起来，随便发脾气的次数也会减少。

越是关系亲密的人，我们越容易归咎于性格

人们容易把他人的行为归结为性格原因，而非所处的状况。夫妻、恋人、家人，越是面对关系亲近的人，我们越容易发泄自己的压力和不满，遇事就越容易归咎于对方的性格。

换位思考是很重要的

想象对方所处的状况，会有助于我们认识到对方是“因为当时的情况所迫才这么做的”。

改善夫妻关系，防止『疫情离婚』

用心记住对方为我们做的事

受新冠疫情的影响，人们居家办公的时间多了，这导致夫妻之间摩擦增多，产生隔阂，有不少人甚至开始考虑分居或离婚。

心理学上有一个概念叫“互惠原理”。简单来说就是**“如果自己表现出善意，对方也会报之以善意”**。但要特别注意的是，有时我们的善意未必能传达给对方。比如，夫妻之间经常会有“我做了这么多，你却什么都不做”的抱怨。这种单方面的“善意”如果愈演愈烈，就很难构建融洽的夫妻关系了。

美国心理学家特拉菲莫·阿门达里斯（Trafimow Armendalitz）曾做过一个实验，他让 400 名学生写出“我为别人做的事”和“别人为我做的事”，发现前者的数量是后者的 35 倍。这体现出，施予别人恩惠是一种很好的心理体验，我们会记住它，而别人对我们的善意会让我们觉得欠了别人的，我们会下意识地选择遗忘。也就是说，总觉得“就我吃亏了”的人，实际上可能是忘了自己曾得到的善意。改变这种认知的办法是**有意识地记住那些别人为我们做的事（感恩），而不是我们为别人做的事（善举）。如果能建立“善举和感恩的良性循环”，夫妻感情也就会越来越好。**

我们会“35倍”地记住“自己为别人做的事”

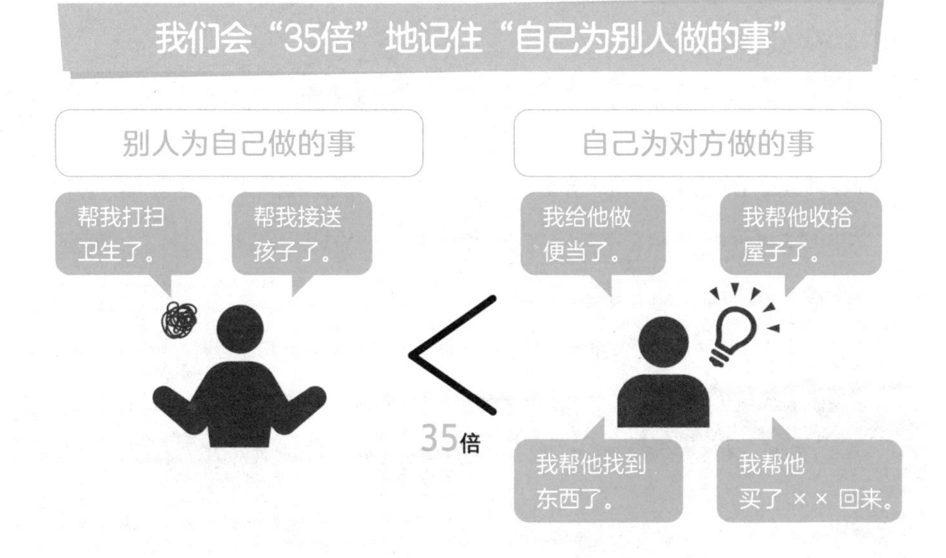

人们记住的“自己为他人做的事”是“他人为自己做的事”的 35 倍。

“善举和感恩的良性循环”促进夫妻关系融洽

想夫妻关系和谐，就要把感恩（对方为自己做的事）而非善举（自己为对方做的事）放在心里，这一点很重要。

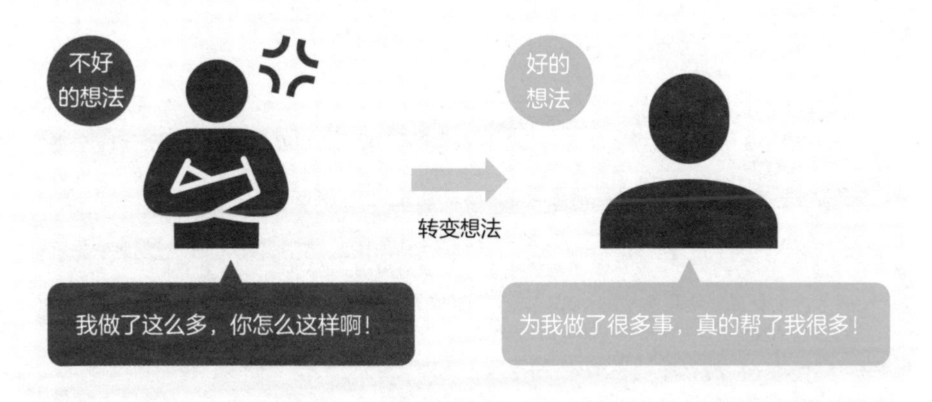

小贴士

能预测离婚的心理测试“有备无患（prepare）”

据说人有一种心理，认为“与自己关系亲密的人想法也与自己一样”。

但实际上，两个人无论关系多么亲密，也不可能想法完全一样。正因为这个原因，恋人或夫妻如果意见相左，两人都会觉得很受打击，“没想到他竟然是这种人”，两个人可能会越来越别扭，最后甚至分手或离婚。

为了减少这种两人想法不一致的情况，有一个心理测试非常值得做一做。测试的名字叫有备无患（prepare）。据说这个测试可以预测夫妻在 3 年之内是否会离婚，准确率高达 85%。这个测试有 125 个问题，我在这里仅列举最具代表性的 13 个问题。

各位已婚人士和未婚人士，请在脑海中想着自己的伴侣，对以下问题须回答“是”或“否”。

① 伴侣的行为有时让你感到烦躁。
② 伴侣经常为了一些事发脾气。
③ 伴侣经常嫉妒。
④ 总是担心伴侣会出轨。
⑤ 经常与伴侣吵架。
⑥ 休息日，你与伴侣喜欢做的事不同。
⑦ 你担心经济方面的问题，比如结婚后的收入等。
⑧ 你的亲戚和朋友中，有人为你的婚姻担心。
⑨ 伴侣的亲人或朋友中，有你不太喜欢的人。
⑩ 关于以后想要几个宝宝，你们的意见不同。
⑪ 对于孩子的教育和管教，你们的意见不同。
⑫ 在性方面，伴侣有时会拒绝或强迫你。
⑬ 你感觉与伴侣在性方面的兴趣不同。

以上 13 个问题，如果有 7 个以上的回答是“是”，那么你的婚姻状况就需要“引起注意”了。“是”的数量越多，离婚的可能性越高。但是，这个测试的主要目的是帮助测试者意识到两人之间的问题。如果两个人能在结婚前和结婚后，共同探讨这些问题的解决方案，那么这个测试就是有意义的。如果这个测试能帮助夫妻和情侣们重新认识对方，那么对两人来说也是宝贵的收获。

第 5 章

战胜压力的生活习惯

及时奖励自己，以免积累过多压力！

越是努力的人越要有“心灵的避风港”

不易积累压力的人有一个共同特点，那就是有兴趣爱好、有发自内心喜欢做的事，或是有能放松一下、喘口气的时刻。换句话说，以上这些都是我们“心灵的避风港”。逃离沉重的现实生活，让心灵得到放松和休息，可以缓解我们的压力。

我们可以看书、听音乐、去喜欢的咖啡厅、与朋友见面、和宠物一起游戏等，比较理想的是有一两件能满足你，让你感到“夫复何求”的事，可以是人、物或者某一个地方。但要注意，一定要避开那些容易上瘾的事，比如喝酒、吸烟、在社交软件上频繁发布动态等。这些事一旦陷入其中，就容易产生不良影响，从而扰乱心绪，所以不建议大家去做。

最重要的是，**要在你状态很好的时候就提前准备好“心灵的避风港”，因为等到情绪低落时再寻找就为时已晚了。**另外，不要仅仅是大致想一下，**最好把它记录在手机或笔记本里，保证任何时候都能看到。**当你感到“我好像就要崩溃了”，就在心灵的燃料耗尽之前回到避风港。燃料一旦耗尽，恢复起来就会比较慢。在你感觉“目前好像还没问题”的时候，及时为心灵补充能量，会起到事半功倍的效果。所以，如果你是一个非常努力的人，一定要及时奖励自己，让自己的心灵得到放松。

列出放松的方法

把让自己感到放松的事情记在手机或者笔记本中。

放松清单

- 去喜欢的餐厅吃饭
- 吃芝士蛋糕
- 去泡温泉
- 看漫画
- 看电视剧
- 听音乐
- 去美术馆
- 看悬疑小说

× 不建议做的事

- 饮酒
- 吸烟
- 没完没了地玩游戏
- 在社交软件上频繁发布动态

避免容易产生心理依赖的嗜好和行为

要在能量耗尽之前补充能量

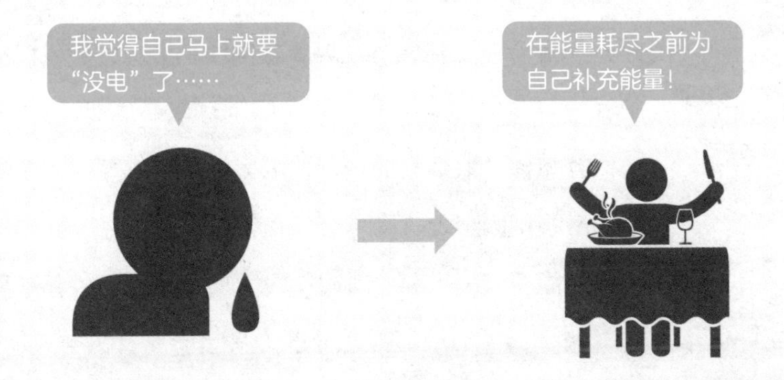

尽早为自己补充心灵能量很重要。在“感觉还好”“我还不是很累”的时候补充，比等到“我真的不行了”的时候再补充，效果更好，而且事半功倍。

总之，晒太阳非常重要

决定性因素是神经递质血清素

医学上认为，晒太阳的时间与抑郁症有密切的关系，“平时常晒太阳的人，比不怎么晒太阳的人抑郁症发病率低”。

正如第79页的介绍，日本总务省公布的世界自杀死亡率调查结果显示，与日本纬度相同或纬度高于日本、日照时间短的国家，自杀事件较多。虽然不能凭借这一点就断言“日照时间短的地区因抑郁症自杀的案例更多”，但我们至少能看出纬度高低与自杀之间有一定的关系。

那么，为什么晒太阳的时间短就容易抑郁呢？这其中决定性因素是一种叫血清素的大脑神经递质。**血清素有调整心理平衡、保持精神稳定的作用。如果血清素不足，人就会感受到压力或烦躁感倍增，出现失眠或抑郁症状。**

若想促进血清素的分泌，晒太阳是很重要的。太阳光刺激视网膜会促进人体分泌血清素。也就是说，如果日照时间短，晒太阳的时间就短，那么血清素的分泌量就会减少，这会增加抑郁症的发病风险。有研究表明，每天晒30分钟左右的太阳，促进血清素分泌，可以有效减轻压力、预防抑郁。

世界自杀死亡率调查前十名国家

资料来源：日本总务省根据世界卫生组织《自杀死亡率的国际比较》制成。

除了排名第五的圭亚那，剩下的都是纬度与日本相同或高于日本的国家，日照时间都比较短。

日光浴可促进血清素分泌

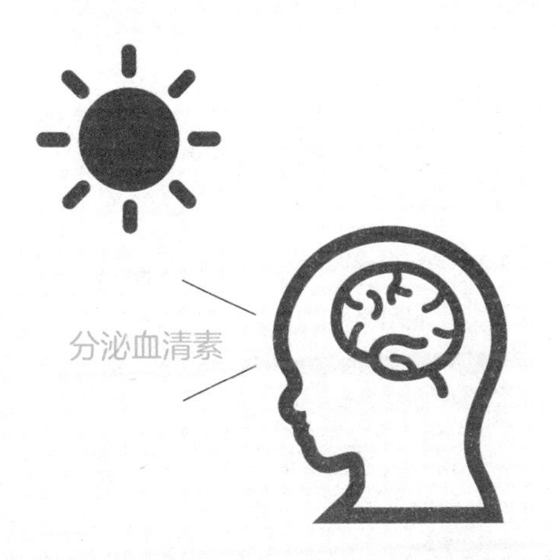

血清素的作用

- 稳定神经状态
- 使大脑活跃

不足的话……

- 容易积累压力
- 攻击性上升
- 出现失眠、抑郁、惊恐障碍等精神症状

睡眠时间短对健康没什么危害

"睡眠时间短有害健康"是一种误解

有的人过于在意睡眠时间，令睡眠反而成了一种压力。大家应该都听过类似"每天睡7个小时的人长寿""理想的睡眠时间是每天8小时"的说法吧？

其实，我们经常听到的"7小时睡眠最好"只是一个没有根据的传说。每个人的状况都不一样，比如生活方式、健康状态、是否有基础病等，当然不能一刀切地说"7小时的睡眠是最好的"。"睡眠时间短有害健康"完全是一种误解，我们没有必要纠结睡眠时长。

我每天只睡2～4小时，健康方面没出现什么问题，也没影响到工作。但我一直坚持白天小睡一下，这种小睡被称为"有效打盹（Power nap）"。换句话说就是10分钟的午睡。有研究表明，**白天短时间小睡可以提升大脑机能，提升判断力和注意力，使人充满干劲**。据说谷歌、苹果等世界知名企业也建议员工午间小睡。

小睡时建议采用坐姿，靠着靠背或者趴在桌子上都可以。睡10～20分钟，会让你神清气爽、精力充沛地完成下午的工作。大家试一试吧！

“7小时睡眠最好”这一说法并没有依据

我们经常听到“7 小时的睡眠是最好的”这一说法，但实际上并没有相关数据支撑这一论点。不要相信“睡眠时间短有害健康”，如果不困，就没必要强迫自己入睡。

有效打盹（Power nap）的要点

遮光

佩戴眼罩，或者选择光线较暗的地方睡觉，黑暗的环境会提高睡眠质量。

不要躺着

最好是趴在桌子上或靠在椅背上。这样的姿势有助于刺激颈部的交感神经节，防止进入深度睡眠。

摄入咖啡因

咖啡因的提神作用一般在摄入 20 ～ 30 分钟后出现，小睡前喝一点咖啡、红茶或绿茶，醒来会感觉很清爽。

只睡20分钟左右

设置闹钟，把睡眠时间控制在 20 分钟左右。一旦进入深度睡眠，醒来会很不舒服。

烟酒是新的压力的根源

依赖烟酒会带来新的压力

“借酒消愁”“我转换心情的方式就是抽烟”，我想很多人都会用这样的方式来排解压力。很多人认为只要适量，饮酒和抽烟对放松精神有积极影响。不过想想那些不抽烟喝酒依然能保持健康精神状态的人，可见适度的烟酒对精神有益只是一种主观臆断。

压力大时想要喝酒，解决的只是“想要喝酒”的压力，原本存在的压力完全没有得到解除。那种“啊！太爽了”的感觉只是一种错觉，酒醒后被拉回到现实中，会发现什么都没有改变。

抽烟喝酒能缓解的压力只有一个，那就是因缺烟少酒而产生的压力。依赖烟酒，想要通过烟酒来消除日常生活中的压力，只会让我们背负新的压力，让我们感觉“没有酒就不踏实”“没烟抽了就很烦躁”。

这种为了缓解压力反而产生依赖，进而又带来新的压力的模式，不仅适用于酒精和尼古丁，网瘾、网络游戏也是如此。**如果是为了排解压力，一定要避开那些会上瘾的东西，去寻找不容易产生依赖的乐趣吧！**

依赖会产生新的压力

没有喝酒时

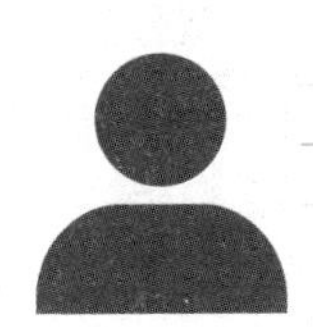

健康
家人
恋爱
工作

压力明细表

喝完酒后

酒
健康
家人
恋爱
工作

压力明细表

没有酒喝时

酒
健康
家人
恋爱
工作

压力明细表

抽烟喝酒不仅无法缓解压力，还会带来新的压力。

意识到“这只是一种错觉”来摆脱依赖

摆脱依赖有三种方法，但是精神法比较难，物理隔离又不能让人摆脱欲望本身。降低欲望最好的办法是了解真实的情况，即压力的根本来源是依赖本身。

❶ 精神法

“靠毅力戒掉”这种决心是很不稳定的，时间一长反弹的可能性很大。

❷ 物理隔离

在物理上隔绝想戒掉的东西。但是欲望本身没有消失，因此会一直在痛苦中挣扎。

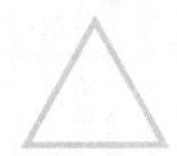

❸ 了解真实情况

意识到“依赖并不会缓解压力，反而会成为压力”，降低自己的欲望。

最有效的长自信体态及呼吸法

让心情平静的正念深呼吸

肩背挺拔、站姿优美的人会给人一种干练自信的感觉。这不仅是外表的问题，实际上人挺胸的时候，心里也会涌出自信。

西班牙马德里自治大学的心理学家巴勃罗·布里尼奥尔（Pablo Briñol）把学生分为“体态良好”和“体态不佳”两组，询问他们关于将来的工作和人生的问题。实验结果表明，腰背挺拔的一组学生，对未来的设想比较积极，而含胸驼背的一组则对未来比较消极。由此我们可以看出“体态和心态是相关的”。

确实，人在充满自信的时候会挺胸抬头，意气风发。如果有烦恼和不安，人就容易驼背或垂头丧气。平时提醒自己**“情绪低落时就挺起胸”，用体态来调节心情吧。**

另外，**有一种振奋萎靡情绪的特效药，就是正念深呼吸。**正念深呼吸不仅是深呼吸，而且要激活副交感神经系统，从而得到身心放松，**要点是“感受呼吸”。感受空气从鼻子吸入的感觉，感受空气的温度，把意识投注到自己身上。**正念可以让我们的心神宁静，情绪也变得积极起来。

最有效的长自信的体态

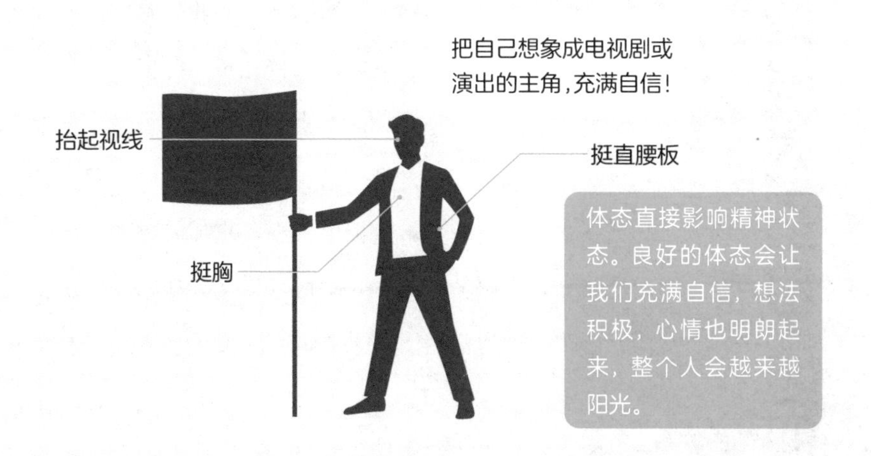

体态直接影响精神状态。良好的体态会让我们充满自信，想法积极，心情也明朗起来，整个人会越来越阳光。

舒缓情绪的呼吸法

想要舒缓情绪，我推荐正念深呼吸。此时副交感神经最活跃，可以让人得到放松。

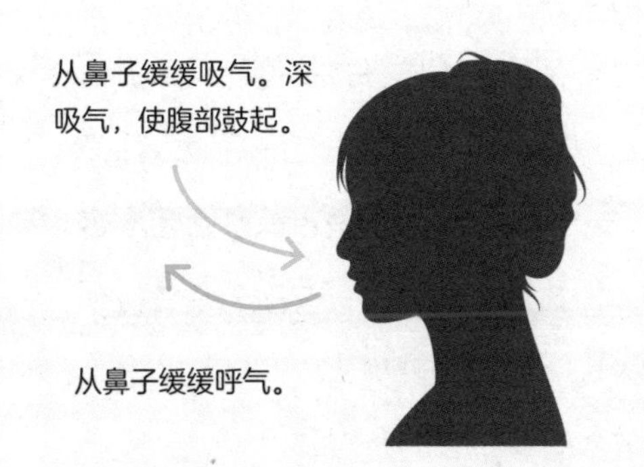

要点

注意，不是单纯地深呼吸，重要的是“感受”呼吸。将注意力集中在吸入空气的温度及其流动上。

将注意力集中在呼吸上，可以把意识收回到当下的自己身上，舒缓情绪，放松身心。

多摄入蛋白质而非碳水化合物

肉类等蛋白质可以预防抑郁

碳水化合物、蛋白质、脂肪是支撑我们身体的三大营养素。有抑郁倾向和症状的人要注意不要摄入过量的碳水化合物（糖类）。如果过量摄入米饭、面包等碳水化合物，血糖会迅速升高。血糖升高后，人们会感觉自己被幸福包围，但如果血糖上升得过高，人体就会分泌大量胰岛素来降糖，这样一来血糖值又会急剧下降，心情就会跟着迅速低落。如果心情总是大起大落，可能会诱发抑郁症。

顺便提一下，接诊抑郁症患者时，我发现，当患者出现暴饮暴食的迹象时，多数患者都会过度摄入糖类。虽然我们还不知道饮食偏好与抑郁症之间的关系，但**心情容易郁闷的人控制一下糖类的摄入可能是比较安全的做法**。我推荐这样的朋友少吃一些碳水化合物，多吃一些蛋白质含量丰富的食物。

抑郁症的原因之一是缺乏用以保持情绪稳定的血清素（见第 78 页）。这种神经递质是由色氨酸这一人体必需的氨基酸合成的，**如果能多摄入一些色氨酸含量丰富的食物，就能维持体内血清素的含量，有助于预防抑郁和改善抑郁症状**。牛肉、猪肉等红肉，以及肝脏、芝士等高蛋白食物中色氨酸含量也普遍较高。

摄入糖类后情绪的变化

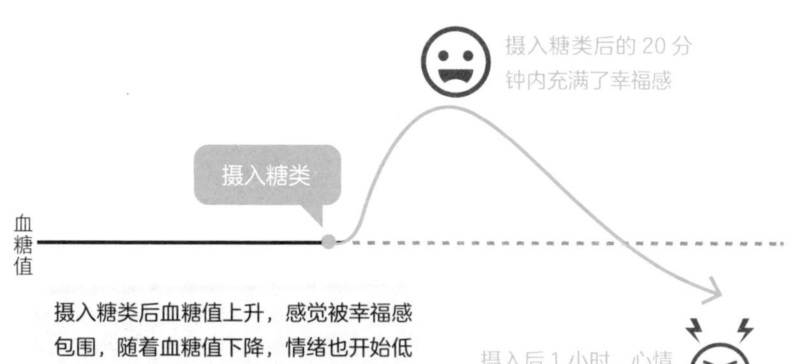

摄入糖类后血糖值上升，感觉被幸福感包围，随着血糖值下降，情绪也开始低落。为了避免心情大起大落，推荐大家少摄入一些糖类，多摄入蛋白质。

适度运动能降低抑郁症的发病风险

不给身心造成负担，适度运动就足够了

人们已经发现，有运动习惯的人患抑郁症的风险较低。确实，我们很难想象郁闷痛苦的运动员或者患有抑郁症的田径运动员的样子。来我诊所就诊的患者中，看着像经常运动的人很少，多数是非常消瘦或有些虚胖的人。

在用运动疗法治疗抑郁症这一领域非常著名的学者詹姆斯·A. 布卢门撒尔（James A.Blumenthal）表示，“接受 16 周运动疗法治疗，与服用抗抑郁药物的对照组有相同的治疗效果”。这表明，**定期运动对抑郁症状有一定的改善效果。**

这里说的运动并不是高强度的肌肉训练或者跑步等。在工作、家务等繁忙的日常中抽空做些简单运动就足够了。像广播体操这种谁都可以做的强度不大的运动，也是可以有效降低抑郁症的发病风险的。

重要的不是运动强度和运动量，而是坚持。比如每天运动几分钟，或一周运动几次，都可以。我们希望培养运动的习惯，让运动成为我们生活中的一个固定环节。如果能感受到运动带来的愉悦感，那么精神上自然更轻松，不容易积累压力。

心理诊所就诊患者的特点

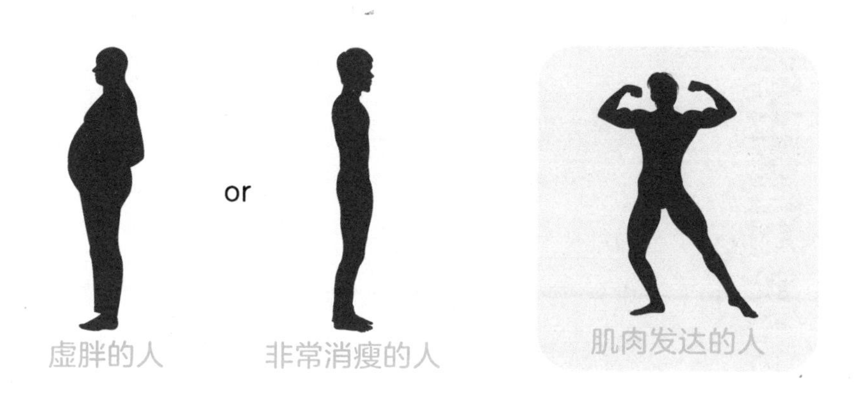

大多数来心理诊所就诊的患者都是虚胖或非常消瘦的人。肌肉发达的人有固定的运动习惯，抑郁症的发病率较低。

选择那些不会造成身心负担的运动

千万不能产生“我必须得运动”的新压力。不会造成身心负担的、强度不大的运动，依然可以降低抑郁症的发病风险。

打空拳对发泄怒气很有帮助

到处发邪火并不能消除你的压力

大家在烦躁或愤怒时会做什么事呢？会大喊大叫，或冲着别人、物品发泄吗，还是一动不动地待着？到底哪种方式更能有效释放压力呢？

美国心理学家布拉德·布什曼（Brad Bushman）曾做过一个特别的实验。他先是故意激怒学生，然后将学生分成两组，让其中一组学生玩拳击游戏机，另一组什么都不做。结果发现，“两组学生在怒气的平息上没有太大差别”。本以为玩拳击游戏机会有助于发泄愤怒情绪，没想到有人反而因此更生气了。

这个实验告诉我们，**“随意发泄并不能消除压力，甚至可能令人压力更大”。如果想缓解压力，不要去击打什么东西，而是去找身边的人倾诉吧。**和别人倾诉可以帮我们整理思绪，理清思绪后心情就会好起来。更理想的结果是将压力化为动力，更积极地投入自己的工作和生活中。

如果无论如何也消不了气，就试试打空拳吧！**脑海中想象一个对象，快速出拳，**这既能让心情舒畅起来，还能解决运动不足的问题。

把怒气发泄到物品上也无济于事

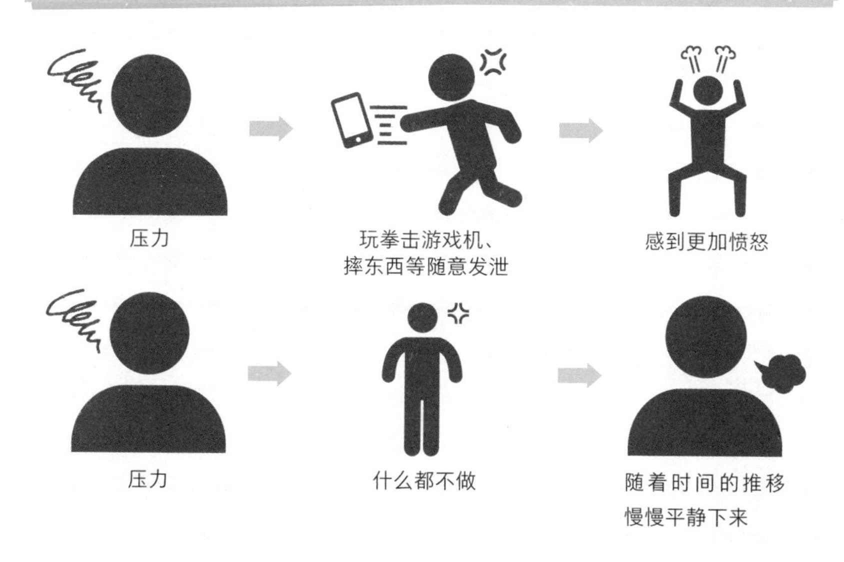

有时摔东西、把怒气发泄到物品上反而会让人更加愤怒。情绪会随着时间慢慢平复下来，所以不要到处发邪火，什么都不做才能更好地应对眼前的压力。

打空拳缓解情绪

如果烦躁得实在想要打点什么来消气，那么我建议打空拳。打空拳会让我们觉得身体有些疲劳，但心情会有好转。

改善运动不足，调节情绪。

不花一分钱就能消除压力——精神上的『盛夏海滨度假法』

旅行带来的新鲜感和开阔感会让心情轻松起来

医院精神科的患者中，有很多人只要去旅行，抑郁等精神症状就能改善。旅行最大的魅力是给我们带来一种非日常的新鲜感和开阔感，让我们可以暂时卸下生活、工作的重担，精神得到放松。

如果想要缓解抑郁症状，我推荐去能晒到更多太阳的地方。比如去阳光明媚的海滩尽情享受日光浴，可以帮助我们恢复活力，改善心情。

遗憾的是，现实中我们要面对工作和家庭的琐事，不可能经常来一场说走就走的旅行。那么我建议**在心中进行一场脱离日常的旅行，在精神上逃离现实，这个方法我称之为“盛夏海滨度假法”**。这个方法的基础是德国精神科医生舒尔茨（Johannes Heinrich Schultz）提出的“自律神经训练法”，我在这一著名的放松方法中又加入了一些自己的创意。

具体方法我会在下一页介绍，这趟旅程从想象自己身处风景优美、视野开阔的海滨度假区、放松地躺在长椅上开始。在办公室午休时、泡澡时、入睡前的放松时间里，只要是能让你展开想象的地方，哪里都可以。当你觉得“心情很差”“压力越来越大”的时候，就去自己的心灵度假区转一转吧。

旅行可以改善抑郁症状

你可能觉得旅行会带来很大的精神负担，实际上旅游带来的新鲜感和开阔感可以帮助人们改善精神状态。

＼特别推荐的是／

阳光充足的地方

沐浴阳光可以有效改善抑郁的状态。所以我特别推荐去海滨度假区等地旅游。

去心中的“盛夏海滨度假区”吧

当旅行难以成行的时候，在心中展开想象也可以很好地放松身心。坐地铁时、泡澡时、睡觉前，任何时候都可以开始你的旅程。

盛夏海滨度假法的想象顺序

1. 想象自己身处蔚蓝的天空下，在清澈的大海边，有一片美丽的沙滩。阳光倾泻而下，你躺在柔软的长椅上，四肢深深地陷入长椅中（你的四肢非常放松，很沉）。
2. 太阳暖暖地照着你（你的四肢很温暖）。
3. 你听着美妙的音乐（你的心情很沉静、很舒缓）。
4. 这时，出现了一位美女或帅哥，拿着一把很大的扇子，正在轻轻地为你扇着风（你的呼吸越来越放松）。
5. 他为你倒了一杯热鸡尾酒（你的胃也暖了起来）。
6. 他将乳液涂抹在你的额头上（你的额头感觉很凉爽）。
7. 他为你全身涂抹乳液，并为你按摩（你感到身心愉悦，再一次觉得四肢非常放松，很沉）。

微笑提升幸福感

好情绪是给周围人的最好的礼物

有的人总爱阴沉着脸，一副不高兴的样子。这种人总是孤身一人，因为消极情绪会辐射给别人，让周围的空气都沉重起来。

而总是面带微笑的人身边会聚集很多人。与坏情绪相同，好情绪也会传染。法国哲学家阿兰（Alain）的名作《幸福论》中说："人给予别人最大的礼物就是好的情绪。"婴儿微笑，旁边的大人也会被感染跟着微笑，接着婴儿会观察到"啊，大家都在笑"，也继续跟着笑。像这样，你的微笑和好情绪产生连锁反应传播开来，最终这份好情绪会回馈到你的身上。**如果你想变得更幸福，就先让身边的人幸福起来吧！**也就是说你自己要先保持好的心情。

话虽如此，当我们压力很大时是很难笑出来的。这种时候，我们可以先稍微放松一下嘴角，这也许就能让你的心情稍微轻松一些。如果这么做情绪还没有变化，就坚持微笑直到你感觉到开心。**实验已经证明，"哪怕是强迫自己，只要坚持微笑 1 分钟，心情就真的会变好"**。请你提醒自己，在吐槽和不忿之前，先微笑吧！

先从“皮笑”开始

微笑时心情会放松下来，当你感到紧张、不安、有压力时，试试动动嘴角微笑一下吧！

坚持微笑直到心情变好

美国菲尔莱狄更斯大学的心理学家查尔斯・E. 谢弗（Charles E.Schaefer）做了一个实验，强迫实验对象笑 1 分钟，1 分钟后所有人的心情都变得更好了。

强迫微笑

所有人的心情都更好了

笑容会传染

看到情绪好的微笑的人，我们也会感到幸福。
而看到心情不好的人，我们也会觉得心情变差了。

小贴士

口出恶言并不能消除压力

近几年，在网上留言中伤他人已成为一个社会问题。

有一些“键盘侠”是因为自己有很大的压力，下意识地选择了伤害他人。但在网络上攻击他人，得到的快感是非常短暂的，真正的压力并没有得到释放。他们很快又会觉得非常烦躁，只能继续攻击别人。与烟瘾、酒瘾相同，在网络上攻击他人也是会上瘾的。

在网络上，人们可以匿名，也可以把自己隐藏起来，这助长了网络暴力的滋生。实验结果表明，“人一匿名就会变得有攻击性”，所以，在“隐身”的网络上，人们可能会不负责任地留言。

无论如何，如果意识到自己可能存在这样的问题，我建议先与网络世界保持一定距离。首先要意识到，如果不改变自己对网络的依赖，可能会在无意中伤害他人。

诽谤中伤他人所获得的快感是短暂的，压力并不会因此消失。

第 6 章

及时排解压力的生存之道

重要的事只占人生的20%

日常生活中80%都是无关紧要的琐事

有一天，在某大学的课堂上，讲台上的教授把一块大石头放进了坛子里。坛子被大石头填满了，教授问学生：“这个坛子满了吗？”学生回答：“满了。”接下来，教授又在缝隙中塞了一些小石头，然后依次放进了沙子、水，最后坛子真的被填满了。

教授想告诉学生：“要先放最大的石头。如果先放小石头和沙子的话，大石头就放不进去了。”这个道理也可以运用到人生中。大石头就是我们生命中“重要的事”，小石头和沙子是“不值一提的事”。我们应该优先去实现自己的梦想，去做想要做的工作。如果把精力都花费在细枝末节上，就会错失成就大事的好时机。

“帕累托法则”正是这种思路在商务领域的体现：“日常生活和工作中，20% 的事情占据了 80% 的重要性。”也就是说剩下的 80% 是琐事，在这上面浪费精力，效率很低。

我们每天忙得不可开交，容易模糊掉事情的优先顺序。**手头有很多需要处理的事、压力很大的时候，不妨再次仔细确认一下“自己的那块大石头”到底是什么。**

装坛子从大石头开始

之所以先放大石头，是因为如果先放小石头和沙子，大石头就放不进去了。忙于杂事，不先考虑恋人、工作、梦想等对自己最重要的人和事，可能会错失良机。

帕累托法则（80/20法则）

帕累托法则（又称 80/20 法则）原本是商务领域的概念，意思是日常工作中重要事项只占 20%，剩下的 80% 都是琐事。就算不做那 80% 的事，也能保证 80% 的利益。

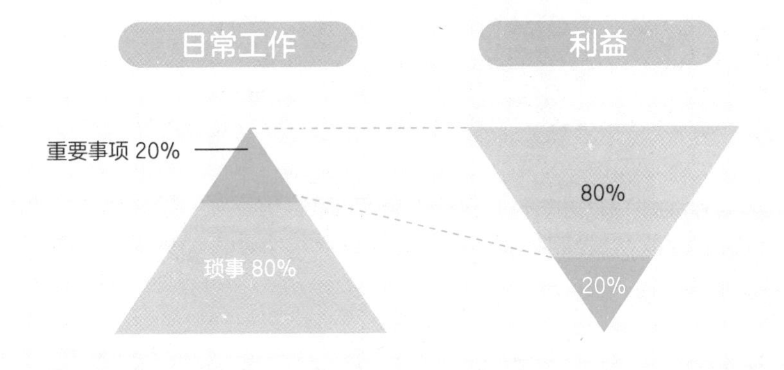

每天正念观察自己10秒钟！

像看电影那样观察“当下的自己”

在开始出现消极情绪时，我推荐大家做正念练习。

正念练习是为了觉察自己“现在正在做什么”“现在感受到了什么”。正念是缓解心灵痛苦的认知疗法之一。了解自己所处的状态，能为消沉的情绪按下暂停键。

顺便说一句，能觉察自己的状态被称为“觉察的（mindful）”，“正念（mindfulness）”是它的名词形式，而不知不觉就过去很长时间的忘我状态被称为“不自知（mindless）”。

正念练习非常简单。“我正在看电视”“我现在特别高兴”……把自己的行为或心情用语言表达出来，仅此而已。用语言来进行“实况转播”，可以更加客观地观察自己。那种感觉就像在看电影，意识从自己身上跳出来，隔着一段距离观察自己。**这时最重要的是不要试图做任何改变。没有必要评判自己的所见所感，也没有必要否定自己的想法。**仅仅是观察就好了。

练习时不要因“又失败了，这该怎么办”而烦恼，而是冷静地将内心的感受用语言表达出来，如“失败了很不安吧”“是害怕别人责怪我失败吧”。这样做情绪会得到控制，心情应该会感到轻松一些。如果能习惯性地做正念练习，可以减少很多令人茫然的苦恼。

正念和不自知状态

正念（mindful）

- mindful 的名词形式是 mindfulness
- 全身心集中注意力，可以觉察到自己的状态
- 非常清晰地觉察到当下的状态

不自知状态（mindless）

- mindless 的名词形式是 mindlessness
- 没有觉察到自己的行为和想法的状态
- 无意识中时间倏忽而过的状态

实践正念的方法

正念最重要的是觉察自己。不要评判行为的好坏，只用语言把当下的自己描述出来就可以了。每天练习 10 秒就会有很好的效果！

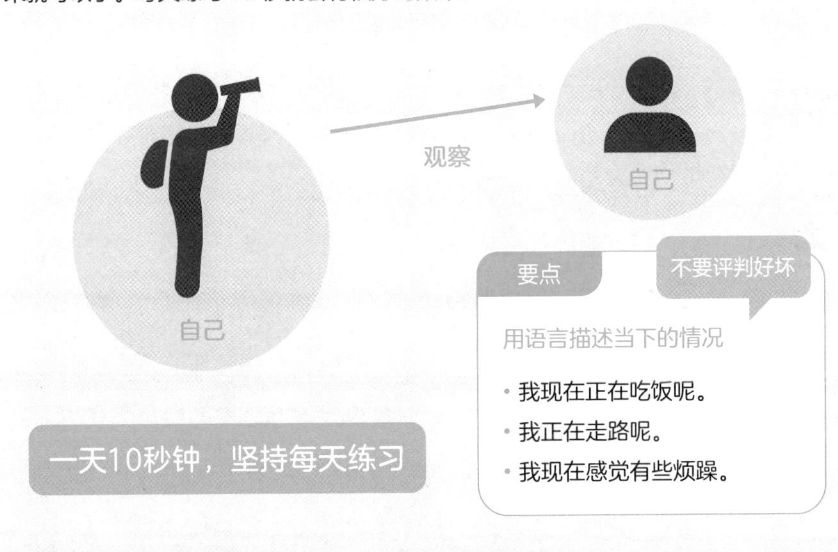

悲观一点也没关系！规避风险能让我们更好地生活

缩小心中的“阴影面积”，让心放松下来

很多人会因自己言行悲观而感到烦恼，觉得“为什么我这人这么消极”？

但你知道吗？人类本来就是擅长消极思考的生物。远古时代，人们以打猎为生，经常要与恶劣的环境和野兽作斗争，生命安全总是受到威胁。在这种情况下，人类养成了很强的规避风险的能力，总能想到最坏的情况。正因为这样，人类生存下来的概率才高于其他动物。换句话说，远古时期，越是有忧患意识的、谨慎的人越坚韧不拔，生存能力越强！

这种优秀品质从几万年前开始，就刻在人类的基因里，代代传递了下来。所以**请你自信一些，告诉自己“一个人想法悲观很正常”“不必强迫自己摆出积极乐观的样子”**。

话虽如此，但人若被消极情绪支配是很痛苦的。让我们学习一个摆脱悲观念头的方法吧！**要领是不要强行赶走脑海中浮现出来的消极想法**。因为越是想要消除它，越会被这种感觉困住。我们可以尝试回想一下难过的事情、想要忘掉的场面，然后试着缩小它在心中的范围。这样一来，消极情绪在心中占的面积不那么大了，心情就会有所好转。当一些悲观想法或胡思乱想总是盘旋在脑海中的时候，请你一定尝试一下这个方法。

悲观是人类的本能

原始社会中能生存下来的人都是经常做最坏打算的人。人类把这种本能刻进了基因里，因此悲观是很正常的，没有必要认为“人不能悲观”。

原始时代中悲观的人

太可怕了，
可能有毒吧……

毒蘑菇

因为悲观才活了下来

原始时代中积极的人……

虽然没见过，
尝尝看！
肯定没问题！

毒蘑菇

因食物中毒而死亡

把消极印象的面积缩小

痛苦的回忆

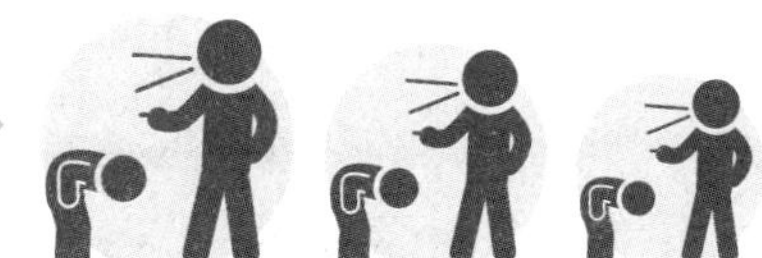

面积越来越小

不要强行消除过去的失败等痛苦的回忆，而是逐渐缩小心中的那个画面，让心情变得轻松一些。

『人比人，长自信』的心理战术

和不如自己的人比较，找回自信

心理学认为“人会下意识地与他人比较”。这种行为引出的“社会比较理论”，是指人们为了心里踏实，本能地想要确认“和周围的人比，我变了吗？”。

关于比较，根据比较对象不同，我们可以分为与上比较和与下比较。**与上比较是指与比自己更有优势的人比较。而与下比较则是与相对于自己处于劣势的人比较。**

据说自信心强、积极进取的人，下意识里容易与比自己强的人比。这样的人希望缩小与目标人物间的差距，希望自己有更大的进步。但要注意的是，如果与遥不可及的人比，容易受到打击情绪低落。所以一定要区分好理想和现实。

而如果自信心和进取心不足，人们会下意识地与下比较。看到有的人还不如自己时，会感到安心。

我们可以把这种心理灵活运用到以下场景。在职场打拼得精疲力竭时，或者面试等重要时刻非常紧张时，可以看看工作中极度疲劳的人，想想自己“好像比他强一点”，这样心情能放松一些；看到紧张得浑身僵硬的人，会觉得自己“好像没他那么严重”，这样想也会感到轻松一些。这是一个缓解压力的心理小技巧，要记住哟！

两种比较

与上比较

- 平时喜欢与强于自己的人比较的人，更倾向努力提高自己。
- 如果与比自己优秀很多的人比，可能会心情低落。

与优于自己的人比

我想变成他那样！

与下比较

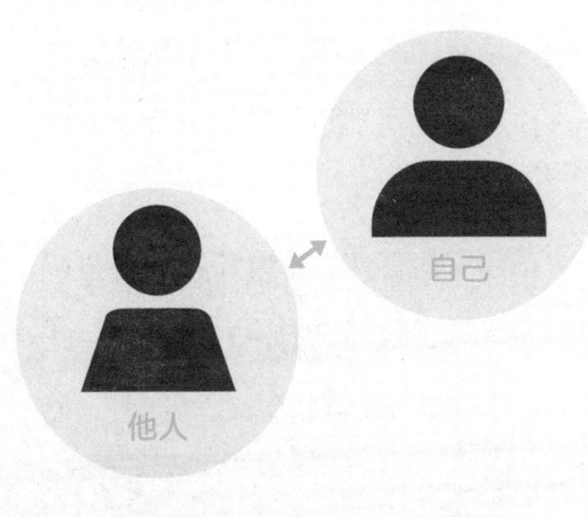

- 平时喜欢与不如自己的人比较的人，多少缺乏自信和进取心，下意识地倾向与不如自己的人比，获得心理安慰。
- 在情绪低落、面试等紧张的时候，与下比较可以让我们平静下来。

与不如自己的人比

我好像比那个人好一点……

弄清自己的价值观，战胜压力

把三个重要的价值观写下来随身携带

美国斯坦福大学曾做过一个实验。把学生分为A、B两组，让A组学生每天写日记记下“当天发生的好事”；让B组学生先思考自己认为最重要的价值观是什么，并在日记中记下“为了践行这个价值观，今天我做了什么”。

实验发现，B组学生比A组学生身心更健康愉快，抗压能力也大幅度提高了。这个实验结果表明：“经常想着自己的价值观，有助于我们愉快、坚强地生活。”

那么，你认为对你来说最重要的价值观是什么呢？明确自己的价值观对弄清自己到底是个怎样的人也有重要的意义。最好想出三个，如果比较难，选出最重要的一个也可以。“温柔”“勇气”“守信”“家人”“伙伴”等，**把自己认为最重要的几项写在纸上或记录在手机的备忘录中，随身携带，在你难过或遇到烦心事的时候，就拿出来看一看吧。**

理清自己内心真正在意的事情，可以让我们回归初心。它可以帮我们消除疑惑，告诉我们该如何去做。此外，像上述实验那样，围绕着自己的价值观写日记，也可以帮助我们不断确认自己的内心，并让这些价值观在我们的生活中生根发芽，成为构筑更强大自我的基础。

用一份清单来整理自己的价值观

一旦明确了自己的价值观，我们内心就形成了价值观的内核，它可以帮助我们坚强、快乐地生活。请你从下面的清单里选出自己认为最重要的三个，把它们写下来，带在身上以便随时查看。

□ 伙伴	□ 学习	□ 家人	□ 和平	□ 幽默	□ 智慧
□ 好奇心	□ 忍耐	□ 乐趣	□ 冒险	□ 品味	□ 金钱
□ 斗争	□ 运动	□ 幸福	□ 新发现	□ 成长	□ 完美
□ 伦理	□ 年轻态	□ 健康	□ 行动	□ 动物	□ 音乐
□ 信仰	□ 温柔	□ 名誉	□ 创造	□ 守信	□ 美
□ 友情	□ 勇气	□ 喜悦	□ 平等	□ 强大	□ 挑战
□ 感恩	□ 热忱	□ 爱	□ 自由	□ 积极性	□ 责任
□ 诚实	□ 优秀	□ 自然	□ 勤勉	□ 自立	□ 平衡

在感到消沉的时候，请你看一看自己的选择，振作起来！

写日记，强化对自己所选价值观的认同

围绕着自己选择的价值观写日记，可以反复强化它，让我们愉快地生活。

价值观是“感恩”“家人”“温柔”的例子

某月某日

虽然工作很忙，但回家后我对待家人很温柔。家人帮我做家务，我也对他们表达了感谢。

逃离压力不会有什么问题！

吸取经验教训的“战略性撤退”很重要

如果你长期处于压力之中，我建议你“逃离”。**逃离不是“败退”，请你把它当成暂时“撤退”**。

比如职场和学校中，充其量也就几十人到几百人，与全世界的人数相比，简直微不足道。与其在这样一个狭小的圈子中烦恼，不如想开一点，到外面的世界看一看。出去之后你会发现一个从没看到过的世界。逃离，从自己厌恶的状态中逃开，是一件需要勇气的事。请你一定要有“逃离的勇气”。

但是注意不能一直逃下去。A 不行就逃到 B，B 不行就逃到 C，这样下去，最后你只会被无力感支配，觉得自己“什么都做不好”。逃离的时候，一定要思考两个问题：第一，“我在这里学到了什么？”；第二，“接下来要怎么做？”。从反省中吸取经验教训，并运用到今后的生活中，只要有这样的意识，我们就可以说是“战略性撤退”。

即使是暂时的逃离，也一定要告诉自己“事情还没有结束”。这样你就一定能找到适合自己、能够充分发挥自身才能的、令你感到舒服的地方。

试着逃离现状会让你的世界变宽广

很多不敢逃离现状的人都有一种心理，觉得“我只属于这里”。如果鼓起勇气离开，你会发现世界很大，你可以去很多地方。

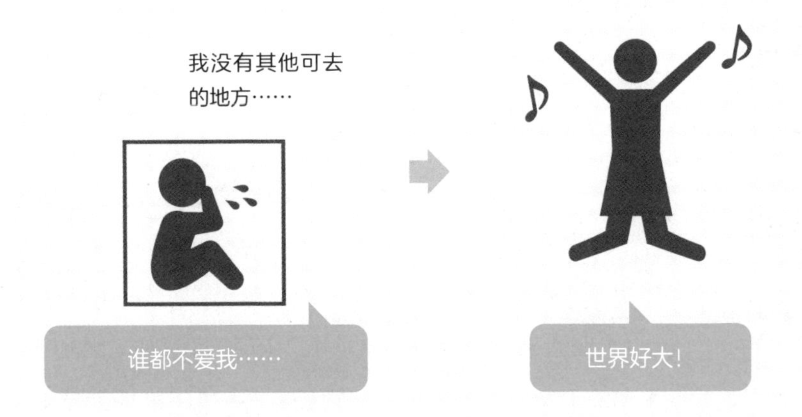

关于战略性撤退的建议

从痛苦中逃离，最重要的是不要一直逃下去。我在这里学到了什么？接下来怎么做？思考一下，把它变成为了获得最终胜利而进行的“战略性撤退”。

❶ 我在这里学到了什么？

- 面对强势的人，我感到很有压力。
- 加班很多，会让人很疲劳，缓不过来。

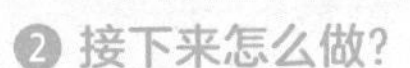
跟领导合不来，想辞职

❷ 接下来怎么做？

- 寻找一个企业文化比较温馨、像家一样的公司。
- 找工作时把少加班作为一个条件。

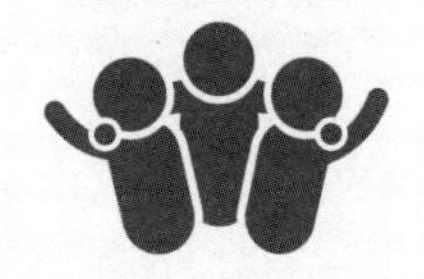

提升自我变革力，阻隔压力

不去试图改变他人，而是改变自己

对他人的行为感到反感时，有人会提醒对方注意，试图给对方上一课，或是纠正对方的想法。这种做法本身没有错，但是多数情况下都是徒劳的。因为“人是很难被改变的”。

被指出问题的人会反驳：“你凭什么颐指气使的？”那些你看不过眼的行为甚至可能愈演愈烈，这样只会徒增你的烦恼和压力。

想要解决这类问题，就要学会区分“自己的课题”和“他人的课题”。精神科医生阿尔弗雷德·阿德勒（Alfred Adler）提出的“阿德勒心理学”中有“课题区分”这一概念。意思是**“他人的课题是他人要解决的问题，自己的课题是自己要解决的问题”**。介入他人的课题，会产生人际关系摩擦。

改变给人造成压力的、“令人困扰的性格”，说到底是他人的事，不是我们的事。我们要划好界限，时刻提醒自己不要介入其中。

甚至可以说，我们应该做的是**“自我变革”**。“尽最大努力不介入别人的事”“绝不说多余的话”，今后，就让我们根据这些应对策略，改变自己的想法和行为方式吧！这比改变对方容易很多，不会白白浪费我们的精力和时间。

他人令人反感的性格是不会被我们改变的

不管他人的性格是多么令人烦恼，这都是当事人的课题。他人的性格是无法被我们改变的，考虑问题时我们要学会把他人的课题与自己的课题区分开来。

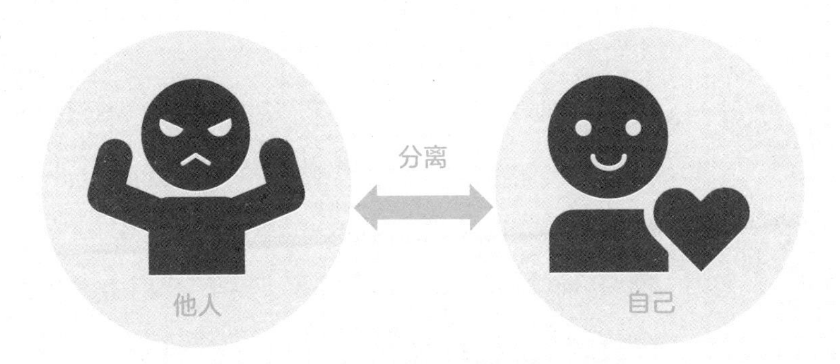

应该改变的是“自己”

遇到令人困扰的人，我们要改变的不是对方而是自己。为了摆脱不愉快的状态，让我们把精力放在如何调整自己情绪、如何改变自己上吧！

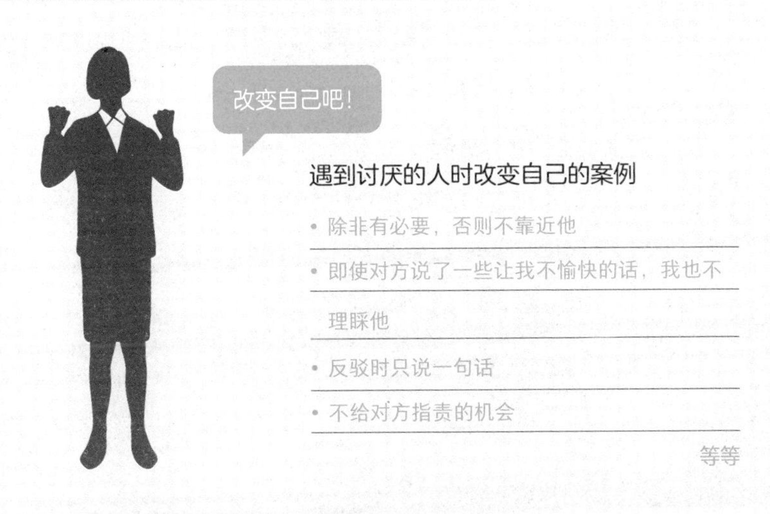

变消极为积极的逻辑思维方式

能让我们打破不安和烦恼的WOOP

谁都想“总是保持乐观积极的状态”，但是人的状态不可能总是积极的。如果陷入紧张不安的情绪当中，消极想法会充斥大脑，刺激我们产生不好的联想。

这种时候试一试“WOOP 法则”吧！它可以帮助我们把消极的想法转换为积极正面的想法。**WOOP 由希望（Wish）、结果（Outcome）、影响希望的阻碍（Obstacle）、阻碍出现时的对策（Plan）四个单词的首字母组合而成，是一种逻辑思维方式。**

举个例子，一位自己经营公司的董事长，他担心“不知道公司能经营到什么时候”。如果用 WOOP 的方法来思考这个问题，那么他的希望（Wish）是“公司能存续下去”，由此带来的结果（Outcome）可以是“职员生活稳定”“公司更加昌盛”，对吧？而影响这一希望实现的阻碍（Obstacle）可以是“经营不善”，针对这一障碍的对策（Plan）就是“经营不善时的应对方法”。比如未雨绸缪，提前开发新客户，向其他领域投资等，这样即便经营遇到困难，也能冷静地想出下一步的对策。

除了工作，金钱、健康等生活方面的事、未来的事，也可以通过 WOOP 的思维方式找到对策，这个方法你一定要用起来！

接纳消极想法的“WOOP法则”

WOOP是四个单词的首字母

- Wish =希望
- Outcome =发生的结果
- Obstacle =影响希望实现的阻碍
- Plan =针对阻碍的对策

例 认为“资格考试可能考不过”

- Wish：希望资格考试通过
- Outcome：通过资格考试就能跳槽了
- Obstacle：资格考试不通过
- Plan：有计划地学习备考，每天学习 2 小时

→ 通过采取对策，缓解对“可能不合格”的焦虑

把消极的想法转换为积极的行动

把人生看作游戏，培养强大神经

像闯关一样对待自己要处理的问题

向着心中描绘的梦想或设定的目标迈进的时候，有时候会被消极思想影响，怀疑自己“应该不行吧”“真的应该走这条路吗”。这种时候，把达成目标的过程当成一场游戏，用与平时不同的视角来看待，会怎么样呢？

第一次玩游戏时，不会有人抱着消极的心态去想“我能做好吗”“玩游戏的意义是什么”。大家通常都是一门心思想完成游戏中的任务吧？游戏中如果失败了，大家应该也不会非常低落，觉得“自己是个没用的人”吧？通常失败后会想“原来如此，这里应该这么操作”，然后继续游戏。

这个例子告诉我们，**“对于想做的事，不要想得太复杂，从能做的地方开始着手做就好了”**。而且，**“进展不顺利时，不要悲观，反复尝试就好了”**。像这样，试着把玩游戏的道理套用到现实生活中，遇到困难时就可以告诉自己“哦！原来如此”，然后放松下来，轻装上阵。

即便面对的是让人眩晕的超高目标，也可以把它当成闯关游戏，集中注意力解决眼前的问题就好。这样一来，每个小任务（使命）都会让我们干劲十足，并且心态放松、斗志昂扬！

以“游戏”的心态去翻越难以逾越的障碍

直面困难，最重要的是把它“当作游戏”。即使失败也继续下去，重新开始就好了。即使遇到难以逾越的障碍，“今天先攻克一点点”，通过实现一个个小目标，终有一天能到达终点。

害怕失败，不敢行动的状态。

失败了，既不会死也不是无法挽回的，像玩游戏一样，继续挑战吧！

大胆挑战，不断升级

有“想做的事”就去大胆地做吧！闯关游戏也是，第一关不通过就进入不了第二关。做事也是如此，只有闯过第一关后才能看到第二关。

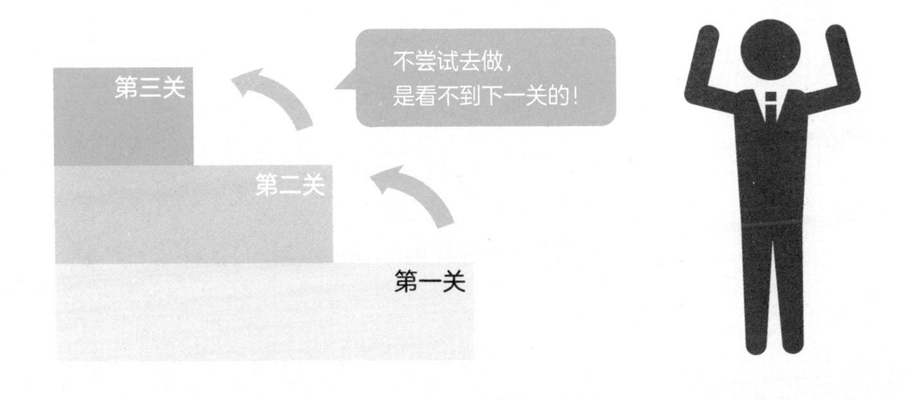

像看牙医一样定期进行心理咨询

根据"治疗方针"和"与医生是否投缘"做选择

一说到心理诊所，很多人会认为是病情严重的精神病患者才去的地方。其实一部分前来就诊的患者只是有轻度抑郁症或心理状态不佳。如果你的**心理状态不佳，就抱着"哪怕听我说说话也好"的心态，不要想太多，去心理诊所看看吧。**

想必很多读者朋友都会定期检查牙齿吧？定期看牙可以帮助我们预防龋齿和牙周炎，在发病初期遏制疾病的发展。心理的疾病也是一样。在症状恶化之前，有更多治疗方法可以选择，治疗周期也相对较短。

虽然这么说，初次选择心理咨询的人会犹豫，不知选择什么样的诊所好。我想在这里给大家介绍三个选择要点。第一点是确认诊所的"治疗方针"，选择符合自己期望的。比如有的诊所重视心理咨询，有的诊所以给药治疗为主等。第二点，心理科和其他科相比，患者与医生的关系更为密切，选择"觉得投缘的医生"这一点尤为重要。如果初诊时觉得"这位医生不太适合自己"，下一次可以选择其他诊所。第三点是理性看待网上的评价，网上有很多意见和评价，只要参考一下就好了。此外，如果是精神科和心理内科两者都擅长的诊所，会更令人放心一些。

把去心理诊所当成去“看牙医”

如果等龋齿很严重了再治疗，就要花费较长的时间和较多的精力。因此很多人应该都会定期去看牙医。心理治疗也是一样的，我建议出现症状后就要及时去看。因为在症状尚不严重时，可能有更多的治疗方法，治疗期也会缩短。2019 年日本厚生劳动省发布的《年度患者调查》显示，日本患躁郁症等情绪障碍的人多达 127.6 万，哮喘患者大约是 111 万人，骨折患者约 67 万人，可见抑郁症患者绝不是少数。

选择诊所时要确认三点

❶ 治疗方针

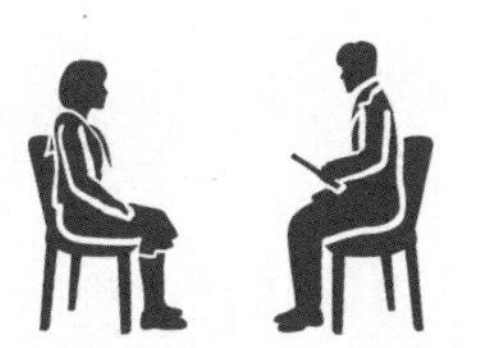

诊所的治疗方针多种多样，比如有的诊所重视倾听患者的状况和心理咨询指导，有的诊所以服药治疗为主等，请确认诊所的治疗方针是否符合你的期望。

❷ 与医生是否投缘

去心理诊所就诊，患者与医生的关系非常紧密，如果就诊一次后感觉不合适，可以换一家诊所。

❸ 不过分在意网上评价

在各种点评网站上，心理诊所整体评价较差的情况很多见。不必过分在意网上的点评和评价，参考一下就可以了。

结语

读完本书，你应该能理解“压力并不是一个坏东西”了吧？

“压力对身体有害”这一说法在社会上广为流传，所以“没有压力 = 幸福”这一观念根深蒂固，我想很多朋友在读本书之前也是这么想的。

近年来，很多研究和调查结果表明，“压力对人体有害”是一个误解，认为“压力有益”的人会更热爱人生，而且长寿。

一项在全世界 121 个国家、针对 1000 万以上的人进行的调查显示：“越是每天都感受到压力的人越长寿，幸福感也越高。”

也就是说，承受着压力，但能积极看待压力的人是最幸福的。对有的人来说，压力是生存的动力，是目标和梦想。你平时感受到的压力，也许就是推动你前进、保持积极性的原动力。

我希望大家能抛弃“压力 = 坏家伙”这一先入为主的观念，把压力当成美好人生的强心剂，充分利用起来。

当然，感受到压力时，如果发生了“实质性伤害”，我们要学会保护自己。但如果是没有带来实质性伤害的压力，我们要学会把它变成心灵的养分。

不要试图消除压力，有效利用压力才是聪明的选择。最好的应对压力的方法是把压力当成朋友。

假如尝试过这些方法后，你的内心仍会发出悲鸣，别忘了还有我们这些精神科医生，我们会全力帮助你、支援你。

精神科医生

幸树悠